镁合金板带轧制工艺基础研究

马立峰 著

机 械 工 业 出 版 社

本书从镁合金热变形特点出发，系统地总结了镁合金的热变形行为、道次间软化行为以及变形过程中的开裂行为，并对镁合金板轧制温度场变化规律及轧辊温度的有效控温方法进行了阐述，同时对镁合金板轧制的边裂行为做了简要介绍。全书共7章，主要内容包括：镁合金及镁合金板卷轧制过程中的热变形行为和温度场特征，镁合金的热变形行为及道次间的软化行为，镁合金热变形开裂行为及其适用准则，镁合金板轧制过程中的温度场变化特性，镁合金板轧制工艺的轧辊温度控温方法，镁合金板材轧制组织与性能间的构效关系，以及板材轧制过程中的边裂行为。本书可供从事镁合金塑性变形理论研究的学者与从事镁合金制备生产工艺的工程技术人员参考，也可作为大专院校有关专业师生的参考书。

图书在版编目（CIP）数据

镁合金板带轧制工艺基础研究／马立峰著．—北京：机械工业出版社，2019.7
ISBN 978-7-111-62758-6

Ⅰ．①镁…　Ⅱ．①马…　Ⅲ．①镁合金－轧制－研究
Ⅳ．①TG146.22

中国版本图书馆CIP数据核字（2019）第097214号

机械工业出版社（北京市百万庄大街22号　邮政编码100037）
策划编辑：田　旭　责任编辑：王　良
责任校对：李　伟　封面设计：姚奋强
北京宝昌彩色印刷有限公司印刷
2019年7月第1版第1次印刷
170mm×240mm・12印张・220千字
标准书号：ISBN 978-7-111-62758-6
定价：53.00元

电话服务
服务咨询热线：010-88361066
读者购书热线：010-68326294

网络服务
机　工　官　网：www.cmpbook.com
机　工　官　博：weibo.com/cmp1952
金　书　网：www.golden-book.com
机工教育服务网：www.cmpedu.com

前　言

镁合金是目前工程应用中的轻质金属结构材料，同时又具有良好的阻尼减振的性能，在交通工具、通信器材、航空航天等具有轻量化需求的领域有着广泛的应用潜力和发展空间。加快镁金属材料开发、扩大镁合金的应用有利于推动具有资源优势的镁合金与钢、铝、塑料等互补，形成更加完善的材料体系，符合我国经济可持续发展的战略目标。变形镁合金材料具有铸造材料无法替代的优秀性能，研制与开发变形镁合金产品，生产高质量的板、棒、型材产品，开发变形镁合金生产新工艺，对镁合金产品获得更广泛的应用具有重要的意义。镁合金板（带）材是车辆轻量化的基础结构材料，是高技术含量、高附加值的产品，因此，镁合金材料相关产业是国家鼓励的产业。镁合金板材的生产工艺主要有热轧法、铸轧法和挤压－轧制法。其中挤压轧制法不宜生产宽幅板材。铸轧法要想达到生产1500～1800 mm宽板材在短时间内还不能实现。所以，目前镁合金宽幅薄板工业生产最可行的生产方法是热轧法。

为了给高效、低成本镁合金板卷的轧制制备提供基础理论与重要的借鉴，本书主要介绍近年来变形镁合金塑性成形理论，特别是作者在镁合金板卷轧制制备方面所开展的广泛研究。全书共7章，第1章是绪论，主要介绍镁合金的变形特性及镁合金板卷轧制过程的变形行为和轧辊温度场的研究进展。第2章讲述镁合金的热变形行为及道次间的软化行为。第3章介绍镁合金热变形开裂行为及其适用准则。第4章、第5章阐述镁合金板轧制过程中的温度场变化，并介绍轧辊温度控制方法。第6章介绍镁合金板轧制组织及性能的预测研究。第7章简要介绍镁合金板轧制过程中的边裂行为。

黄庆学教授、黄志权、朱艳春、刘光明、林金保等老师在书稿编写过程中对相关研究内容提供了指导和帮助；作者指导的博士生孟月、邹景锋等人参与了整理工作，在此对他们表示衷心的感谢。全书由贾伟涛老师统稿，并由支晨琛博士审定。

由于作者水平有限，书中难免出现一些疏漏和错误，殷切期望广大读者批评指正！

作　者

目　录

第1章　绪　论

1.1　镁合金的性能特点及应用

1.1.1　材料特点

作为现有金属结构材料中质量最轻的金属，镁及其合金具有优良的物理化学性能，被广泛应用于国民生产的众多行业，其中较突出的优良性能主要包括：①密度小、比强度和比刚度高，镁的密度为 $1.738\ g\cdot cm^{-3}$，而强度却与常用的合金钢以及高强铝合金相当，是交通工具等实现轻量化的重要基础结构材料选项；②弹性模量小，较小的弹性模量能保证其在用作结构件时受力均匀，避免因受力不均而造成的应力集中、受力状况差等问题的出现，此外当所受外力在弹性变形受力范围内时，与铝合金和钢铁相比，镁合金构件能够吸收更多能量，因此镁合金构件拥有优良的抗冲击性，在航空航天和汽车等领域具有重要的应用价值；③阻尼性能好，镁合金的使用能够大大增强结构的减振性能，特别适合于抗振性要求较高的零部件应用；④切削加工性能好，镁合金拥有优良的切削加工性能，当切削加工镁合金构件时，可以采取相对较大的加工速度，加工效率相对其他金属能够有较大的提高；⑤受到冲击或摩擦时无火花产生，这保证了镁合金作为结构件时的安全性，如作为汽车零部件时，可有效避免因火花而带来的易燃易爆危险；⑥优良的铸造性能，镁合金拥有很好的铸造性能，能够采用几乎所有的铸造方法来得到镁合金铸锭，因此目前镁合金产品大多采用铸造的方法生产。由此可见，镁合金在国民生产中具有重要的应用价值，而发展镁产业具有重要的经济与战略意义。

我国已探明镁储量约130亿吨，是目前世界上最大的镁生产和出口国家，具有无可比拟且越发明显的国家战略优势，但在镁合金实际研究和应用领域，与发达国家还存在很大差距。首先，我国镁工业主要以高污染、高排放的原镁冶炼为主（冶炼 1 t 镁要排放 20.07 t CO_2），属于以牺牲资源和环境为代价的原料出口型工业；其次，我国所生产的镁合金产品仍存在二次成形性差、强度低和生产成本高的问题。若镁深加工技术不突破，就无法将我国的镁资源优势转变为技术、经济优势，而镁合金材料制备原理及相关方法的突破，直接决定了我国镁资源优势转变的成败。近年来我国在镁合金的研发与应用上取得了长足进步，不仅提升了材料应用行业对镁合金的认知与兴趣，也扩大了其实际应用领域，但随之而来的是镁合金材料自身缺陷所带来的巨大挑战，亟待取得镁合金制备与应用技术上的长足进步与突破。

目前，应用的镁合金结构材料主要是以压铸件为主的铸造产品，变形镁合金产品仅占 10% 左右。由于镁合金结晶凝固时体积收缩率较大，液态镁从 650℃降至 50℃时，其体积收缩率可达到 5% 左右，较大的体积收缩率导致镁合金冷却凝固时内部易形成微孔，因此铸造成品具有较低的韧性和较高的缺口敏感性，大大降低了产品的性能。此外，受铸造镁合金热容、熔化热和导热能力低的影响，易造成凝固组织晶粒粗大且不均匀、溶质元素的宏观偏析和微观偏析严重以及凝固热裂倾向明显等问题。与铸造镁合金相比，变形镁合金组织更加细小、成分更均匀、内部更致密，并且更容易获得性能与结构多样化的产品以满足工程结构件的实际应用需求，因此变形镁合金才是镁合金的高附加值产品。然而，镁合金较差的塑性成形性能，严重制约了变形镁合金产品的制备。镁具有密排六方的晶体结构，在温度低于 200～225℃变形时，镁合金变形机制通常为基面滑移和孪生，二者变形协调能力有限，由此造成了镁及镁合金在室温下变形能力较差的特性。提高变形温度虽有利于通过起动非基面滑移系，从而提高镁合金的塑性变形性能，但过高的变形温度会产生二次再结晶现象，导致晶粒的粗化和不均匀；同时，较长的保温时间还容易发生过热、过烧等现象，导致其流变失稳和破裂的产生；此外，镁的低热导率和低体积热容特点，又会导致变形镁合金极易产生温度变化和不均，进一步对变形镁合金成形性能造成不利影响，由此可见，镁合金的塑性变形具有高度温度敏感性。对于生产效率最高和最容易实现自动化生产的轧制生产，镁合金由于塑性变形能力差，散热快，且塑性变形能力对轧制温度极其敏感等特性，使边裂严重、成材率低和轧制后板材后续冲压性能差等问题成为镁合金自动化轧制生产应用的阻碍。

1.1.2　变形特点

1. 滑移变形

常见镁合金为密排六方结构（HCP），其晶格常数 a 为 0.3209 nm，c 为 0.5211 nm，c/a 为 1.62287，与理论计算值 1.633 十分接近。镁合金塑性变形一般由位错滑移和孪生来完成，运动的类型及其与孪生的关系又与其晶体结构密切相关。金属间滑移只出现在滑移面上，并沿一定的滑移方向，通常称为一个滑移系，每个滑移系表示晶体可能发生滑移的一个空间取向。因此，在不考虑其他条件影响的情况下，晶体内部的滑移系越多，位错滑移的空间取向可能性就越多，位错越不容易在晶体内部产生积塞，合金的塑性越好。因此，考虑到滑移面种类的不同，镁合金中的滑移可分为基面滑移、柱面滑移和锥面滑移等；而考虑变形进行过程中位错的不同，又可将滑移分为 $\langle a\rangle$ 基面滑移、$\langle c\rangle$ 柱面滑移与 $\langle c+a\rangle$ 锥面滑移，如图 1-1 所示。

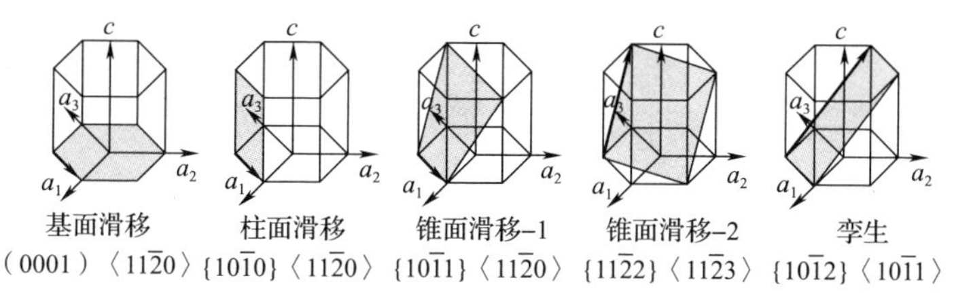

图 1-1　镁合金塑性变形中的滑移系

基面滑移 $-\langle a\rangle$，柱面滑移 $-\langle c\rangle$，锥面滑移 $-\langle a+c\rangle$，孪生 $-\langle a+c\rangle$

室温下纯镁进行基面滑移变形所需临界切应力（CRSS）较小（约为 0.5 MPa），沿 $\langle 11\bar{2}0\rangle$ 方向的 $\{0002\}$ 基面所组成的滑移系是最先起动的滑移系，其次为 $\langle 11\bar{2}0\rangle\{10\bar{1}0\}$ 的棱柱面滑移系。而且基面滑移和棱柱面滑移最多提供四个独立的滑移方式 $(0002)\langle 11\bar{2}0\rangle$ 和 $\{1\bar{1}00\}\langle 11\bar{2}0\rangle$，锥面滑移（可看作是基面和棱柱面间的交滑移）同样最多有四个独立方式：$\{1\bar{1}01\}\langle 11\bar{2}0\rangle$ 和 $\{11\bar{2}2\}[0001]$，并不能提供新的独立滑移系。而对于多晶体镁合金，在满足 Taylor 和 Von-Mises 准则条件下，为了使各晶粒之间的变形更均匀，充分起动 $\langle c+a\rangle$ Bursers 矢量的滑移系才能提供第五个独立的滑移系：$\langle 11\bar{2}3\rangle$。但对于 $\langle c+a\rangle$ 滑移而言，其 Bursers 矢量相比于其他类型的滑移大，且晶面与晶面之间的距离较小，位错心较窄，因此不易形成滑移现象。

同时，根据Schmid定律，塑性变形过程中，镁合金在附加应力作用下，Schmid因子最大、CRSS最小的滑移系通常先起动，即认为切应力是致使合金塑性变形的一个因素，只有当某一切应力分量达到一定数值时滑移系才开始起动，CRSS的大小意味着某一滑移系起动的难易程度。Schmid定律如下式：

$$\sigma_y{}^{㊀} = \frac{\tau_{crss}}{\cos\phi\cos\lambda} \tag{1-1}$$

式中$\cos\phi\cos\lambda$表征了滑移方向和滑移面与外力之间的取向关系。与铝相比，镁的$\cos\phi\cos\lambda$值相对较低，这是镁具有较大硬度值和Hall-Petch系数的重要原因，同时也是脆化倾向现象易出现在铸造镁合金塑性变形过程中的主要原因。一般情况下，脆化倾向通常由穿晶断裂导致，常发生于异常粗大晶粒的基面上或者孪晶附近。因此，镁合金滑移系少，塑性变形不能满足von Miss准则，最终表现出较差的塑性成形能力。

2. 孪生变形

孪生是一种均匀的剪切变形，其本质是位错的重新组合，进而形成角度较大的晶界。孪生一般分形核和扩展两个阶段，且形核应力大于扩展应力。对于六方晶格结构的镁合金，由于滑移系较少，非基面滑移的CRSS值远高于基面滑移，因此室温塑性变形很难由有限的滑移来独立完成，基面滑移和孪生占主导地位，其中孪生作为一种镁合金晶内塑性变形机制在协调沿c轴方向的变形过程起到了关键作用，同时孪生非常容易形成较低的应变能。普遍认为，在特定的变形温度范围中，断裂、滑移和孪生是相互竞争的应力释放形式。

图1-2为镁合金在不同的孪生切变作用力下激发的孪晶系。按加载方式的不同，孪晶可分为压缩孪晶和拉伸孪晶，其中平行于c轴方向受拉或是垂直于c轴方向受压产生的孪晶多为拉伸孪晶，表现为切变与轴比c/a的关系中斜率为负值；平行于c轴方向受压或是垂直于c轴方向受拉产生的孪晶为压缩孪晶，表现为该斜率为正值。镁合金中常见的拉伸孪生有$\{10\bar{1}2\}$和$\{11\bar{2}1\}$，压缩孪生有$\{10\bar{1}1\}$和$\{11\bar{2}2\}$。孪生在镁合金变形过程中主要起调节晶界、

㊀ 本书使用σ作为应力符号。

改变晶粒取向、增强塑性成形能力等的作用，同时孪生还可以释放变形中的局部应力，进而削弱裂纹的形核行为，并钝化已形成裂纹的尖端，阻止裂纹的进一步扩展等。

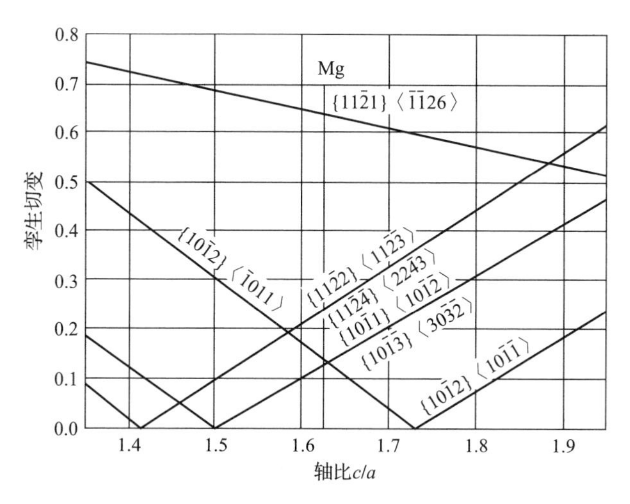

图 1-2　镁合金孪生切变与轴比 c/a 的关系

通常认为，镁合金在塑性变形过程中萌生裂纹的重要原因是孪生改变晶粒取向或调整晶界时形成了严重应力集中，研究者通过试验研究也发现裂纹会在孪晶与孪晶相遇的位置萌生。然而，很多理论也认为孪生和断裂的实质是释放集中的应力，就裂纹形核作用机制来讲，两者是一致的。因此，在某些特定的情况下，镁合金塑性变形时不发生孪生也会导致断裂。

1.2　镁合金热变形行为研究进展

1.2.1　镁合金流变应力与变形抗力

丁睿利用热模拟试验机对 AZ31 镁合金进行了高温压缩实验，分析了变形温度、变形程度和变形速率对镁合金流变应力的影响，并对压缩后的 AZ31 镁合金试样进行了金相组织观察，结果表明：AZ31 镁合金热变形过程中的主要软化效果由动态再结晶产生，在较低温度下流变应力随着变形速率的增大而减小，而在较高温度下流变应力随着变形速率的增大而增大。王忠堂在变形温度

250～350℃、应变速率0.01～1 s^{-1}条件下对AZ31镁合金进行了高温压缩实验，并利用简化的Arrhenius方程求解了AZ31镁合金的变形激活能以及应力指数，最后得出AZ31镁合金的热变形本构方程。董方通过多道次热压缩实验研究了AZ31镁合金在变形温度300～400℃、变形速率0.001～1 s^{-1}条件下的热变形行为，研究结果表明：经多道次压缩得到的镁合金流变应力曲线也呈现动态再结晶型，并利用Arrhenius方程求解了相关变形条件下的热变形本构方程。王智祥利用热模拟试验机研究了AZ91镁合金的热变形行为，结果表明：变形温度和应变速率对流变应力和组织的影响显著，并且热变形过程表现出明显的动态再结晶特征，基于Arrhenius方程建立了考虑应变影响的热变形本构方程。张艳姝利用优化算法求解了AZ31D镁合金考虑动态再结晶过程的热变形本构方程，建立了AZ31D镁合金的黏塑性本构方程。考虑到目前对镁合金本构模型的建立通常只针对稳态流变阶段，而缺乏对镁合金变形过程的整体研究，黄光胜利用高温压缩实验分别建立了AZ31镁合金动态回复和动态再结晶阶段的热变形本构方程。薛翠鹤利用旋转盘拉伸试验机对AZ31镁合金进行了高温拉伸试验，依据实测的应力应变数据求解了拉伸变形条件下AZ31镁合金的变形本构方程，最后经过电磁胀形实验验证了所建立的AZ31镁合金热变形本构方程的预测精度。

1.2.2　镁合金静态软化与轧制残余应变

郭强利用热模拟试验机研究了ZK60镁合金的双道次热压缩变形行为，变形温度为200℃和300℃，应变速率为0.005～0.05 s^{-1}，道次间设置300 s的保温时间。随后采用力学软化法定量分析了ZK60镁合金动态软化与静态软化特性，建立了ZK60镁合金亚动态再结晶动力学模型，结果表明：ZK60镁合金道次间软化机制主要为亚动态再结晶。针对镁合金中厚板多道次轧制过程中残余应变对轧制力的显著影响，张其生研究了变形温度和道次间隔时间对轧制残余应变率的影响，并结合实际轧制生产数据建立了适用于中厚板多道次轧制控制残余应变率的计算模型，该模型能够很好地表征残余应变率与相关参数之间的函数关系，通过将其应用于实际轧制生产，轧制力预测误差明显减小。

1.3　镁合金热变形开裂行为研究进展

1.3.1　金属材料断裂概述

1. 断裂影响因素

对于金属高温塑性成形过程的断裂现象，其影响因素众多，不但与材料本身的组成状态（元素含量、组成状态、第二相粒子及杂质等）有关，而且受加工过程中应力应变状态、应变硬化指数、摩擦力和温度等因素综合影响。下文着重介绍影响金属材料断裂的主要外部因素：

（1）应力状态的影响　材料在塑性变形过程中的应力状态可表示为法向应力和切向应力，它们对材料断裂过程有着不同的影响，其中法向应力主要影响材料断裂的扩展进程，而切向应力是位错运动的推动力，决定了位错在障碍物（晶界、第二相和夹杂物等）前堆积的数量。随着位错运动的受阻，应力集中现象逐渐显著，材料在应力集中区域首先屈服，致使内部产生微观缺陷，这些缺陷随着变形的持续逐渐长大并扩展，最终形成材料宏观断裂现象。此外，用以描述材料断裂的孔洞生长模型也表明，材料变形过程应力三轴度的值越大，其孔洞成长速度越快，材料就越容易形成破坏。因此，金属材料变形过程的应力状态是影响金属断裂的一项重要因素。

（2）变形温度的影响　一般来讲，变形温度升高，材料热变形活跃，变形抗力减小，位错的相对运动速度加快，这有利于变形的开展，导致材料断裂趋势减缓或者不发生。但随着温度的升高，晶粒加速长大，热变形激活能升高，材料结晶、相变过程会受到温度的影响。因此变形温度会通过以上因素来间接影响金属变形的断裂破坏。

（3）变形程度的影响　对于金属塑性变形，当累积塑性能达到临界值时，金属基体中微组织（夹杂物和第二相）等位置受集中应力影响易发生破坏，形成微空洞或微裂纹，之后在持续变形的影响下，微空洞和微裂纹长大、聚合，最终形成宏观断裂现象。

（4）金属结构的影响　金属结构的不均匀性是金属形变和微观断裂发展过程的依据，密排六方结构的镁合金，其多晶体塑性变形由于滑移系较少不易协调，形变过程容易被抑制，因而表现出十分强烈的脆性。

2. 断裂分类

由于造成金属材料断裂破坏的因素繁杂多样，断裂机理与特征也不尽相同，为此，研究者一般将断裂分为机械性质断裂、物理化学性质断裂和混合断裂。

根据断裂断口的宏观变形程度，断裂可分为韧性断裂和脆性断裂。一般韧性断裂在形成前存在可观察到的塑性变形，其断口通常是鹅毛绒状或纤维状，颜色发暗，边缘有剪切唇，伴有显著的塑性变形；而脆性断裂在断裂前没有明显塑性变形，同时断裂发生时毫无先兆，危害巨大，观察其断口形貌一般可以发现颗粒状解理亮面，其特征主要是河流花样。

根据断裂裂纹的微观演变方式，断裂可分为穿晶断裂和沿晶断裂。穿晶断裂是指裂纹不规则地穿透晶粒造成的断裂现象，沿晶断裂是指裂纹沿着某个（或某些）晶粒边界而扩展造成的断裂现象。穿晶断裂主要是金属在塑性变形过程中因位错积塞或交替相互作用而形成微裂纹，微裂口长大连接最终导致的断裂。沿晶断裂主要是由于晶界弱化，晶界附近晶粒不规则，致使晶界能力高于晶内，同时容易产生第二相粒子从而形成的断裂现象。从断口形貌上讲，穿晶断裂通常为韧窝状花样，而沿晶断裂特征通常是岩石状花样或冰糖花样。

根据金属断裂的微观断裂机制，断裂可分为解理断裂和剪切断裂。金属塑性变形过程中，由正应力引起的破坏原子间结合力形成的穿晶断裂现象为解理断裂，而由切应力引发的沿滑移面分离而形成的滑移面分离断裂通常为剪切断裂。

1.3.2 断裂预测研究概述

金属的韧性断裂是金属塑性成形加工过程中常见的失效形式之一，通常指材料由于受到超过其成形极限的外力而导致断裂的现象，这一现象限制着材料在各行业内的发展和应用。不论是通过压铸还是轧制等变形工艺制备的金属产品，都不可避免会有表面开裂和边部裂纹等问题，而且变形条件越苛刻，断裂现象越明显。对于金属的体积成形工艺，其成形极限往往可以通过韧性断裂来表征，因此，不同成形工艺下金属材料的韧性断裂的预测显得尤为关键。一般而言，金属材料在受到外力作用时，其合金原子之间的相对位置会发生变动，并且当材料局部的塑性变形量超过一定值时，合金原子之间的结合力受到破坏，内部将出现微空洞或微裂纹，微裂纹经过一定程度的扩展最终使得金属材料表现出宏观的断裂现象。多年来，研究者们迫切需要建立一种适用于工程应用的断裂准则，该准则可预防材料在不同变形条件下的断裂，拓宽其塑性成形的极限，为材料成形工艺的精确控制、预测材料变形开裂提供理论支撑，为该合金热加工参数的优化奠定技术基础。由于韧性断裂准则具有十分重要的工程应用价值，为此，众多学者进行了大量的、系统的研究工作，从材料研究的各个方面提出了多种韧性断裂准则。

1.3.3　常见韧性断裂准则

（1）累积塑性能模型及经验准则　1950 年 Freudenthal 将材料在塑性变形过程中单位体积的塑性功视为一个衡量标准，他认为当塑性功达到一定值时，材料产生破坏，并形成宏观裂纹，又称为 ASPEF 准则，即：

$$\int_0^{\bar{\varepsilon}_f} \bar{\sigma} \mathrm{d}\bar{\varepsilon} = C \tag{1-2}$$

式中，$\bar{\varepsilon}_f$ 是断裂时的塑性变形量；$\bar{\sigma}$ 是等效应力（MPa）；$\bar{\varepsilon}$ 是等效应变；C 是发生破坏时的临界值，为一个常数。该模型可以表述为：材料在塑性变形过程中，当单位体积内所吸收的塑性变形功达到临界值时，材料产生宏观断裂。

基于上述思路，Cockcroft & Latham 在 1968 年提出考虑材料拉应力的韧性断裂模型，即：

$$\int_0^{\bar{\varepsilon}_f} \sigma^* \mathrm{d}\bar{\varepsilon} = C \tag{1-3}$$

式中，$\sigma^* = \begin{cases} \sigma_1, & \sigma_1 \geqslant 1 \\ 0, & \sigma_1 < 1 \end{cases}$　（σ_1—最大主力）。

该模型的物理意义为：材料在特定的应变速率和变形温度下，塑性变形的最大拉应力是致使材料发生破坏的主要因素，即当单位体积拉应力所造成的塑性功达到某一临界值时，材料随即发生破坏。基于此原理，该准则常用于拉伸占主导地位的应力状态，常应用到有限元代码中以预测材料体积成形的断裂。

1972 年 Brozzo 等通过考虑添加静水压应力和最大主应力对断裂破坏的共同作用，基于 Cockcroft & Latham 准则提出了一个新的模型：

$$\int_0^{\bar{\varepsilon}_f} \frac{2\sigma_1}{3(\sigma_1 - \sigma_H)} \mathrm{d}\bar{\varepsilon} = C \tag{1-4}$$

式中，$\bar{\varepsilon}_f$ 是断裂时的塑性变形量；σ_H 是静水应力（MPa）；σ_1 是最大主应力（MPa）；$\bar{\varepsilon}$ 是等效应变；C 是材料发生破坏时的临界值，为一个常数。

1973 年 Kuhn 利用圆柱压缩试验，研究了圆柱体表面赤道部位各主应变之间的关系：

$$\varepsilon_2 = C - \frac{\varepsilon_1}{2} \tag{1-5}$$

式中，ε_1 是圆柱体自由表面赤道处的周向应变；ε_2 是圆柱体自由表面赤道处的轴向应变。

（2）空洞合并模型　1968 年 McClintock 通过研究圆形和椭圆形的空洞在轴对称条件下的长大和聚合现象，提出了空洞合并模型。该模型认为在空洞扩展进程中三轴张力起到了关键的作用，同时将空洞间的距离作为一个关于材料断裂的属性，并且该值达到临界值的时候，认为材料产生破坏，并提出相应的韧性断裂准则：

$$\int_0^{\bar{\varepsilon}_f} \left\{ \frac{2}{\sqrt{3}(1-n)} \sinh\left[\frac{\sqrt{3}(1-n)}{2} \frac{(\sigma_a + \sigma_b)}{\bar{\sigma}} \right] + \frac{(\sigma_b - \sigma_a)}{\bar{\sigma}} \right\} \mathrm{d}\bar{\varepsilon} = C \tag{1-6}$$

式中，σ_a 是最小主应力（MPa）；σ_b 是最大主应力（MPa）；n 是硬化指数。

Rice 和 Tracey 为解决基体金属材料中一个空洞如何扩展的问题，而引入了连续介质塑性力学，并在 1969 年给定了金属在三向应力作用下的韧性断裂准则：

$$\frac{\dot{a}}{a} = 0.283\,\dot{\varepsilon}\exp\left(\frac{3\sigma_m}{2\bar{\sigma}}\right) \tag{1-7}$$

式中，a 是空洞的平均半径（mm）；$\dot{a}$ 是 a 的增长率；$\dot{\varepsilon}$是简单拉伸在远处的应变速率（s^{-1}）；σ_m 是平均应力（MPa）。

Oyane 等于 1972 年通过将空洞体积分数与裂纹结合在一起考虑，给出了可用于表征材料受压力作用下的韧性断裂准则，揭示出空洞是由第二相粒子或夹杂受到大的变形而形成，随后相互连接，最终形成微观的小裂纹。

$$\int_{0}^{\bar{\varepsilon}_f}\left(1+\frac{\sigma_H}{A\bar{\sigma}}\right)\mathrm{d}\bar{\varepsilon}=C \tag{1-8}$$

式中，A 是根据特定实验测量所得的参数。

国内许多研究人员也提出了一些断裂准则对金属材料的断裂问题进行了预测。张士宏等基于连续损伤力学理论，提出了综合考虑热变形参数（应变速率和变形温度等）对材料损伤累积演化影响的韧性断裂准则，并准确地预测了钛合金的热锻成形、镁合金的温热冲压成形等成形工艺的破坏行为。苌群峰等基于单向拉伸试验和温热成形极限试验，采用物理试验和数值模拟相结合的研究方法，建立了考虑温度效应的镁合金板材韧性破裂准则，并且通过温热拉延试验对结果进行了验证。郑长卿等通过长期研究提出了空洞扩张判据以及组合功密度损失破坏模型并拟合得出相应的参数。

1.3.4　镁合金韧性断裂准则参数测定

结合上述分析不难发现，现有的变形过程韧性断裂准则可以理解成应力状态参量 $f(\sigma)$ 对应变场的积分，积分形式如下：

$$\int_{0}^{\bar{\varepsilon}_f} f(\sigma)\mathrm{d}\bar{\varepsilon}=C \tag{1-9}$$

式中，$\bar{\varepsilon}_f$ 是发生断裂时，断裂处材料的应变值；$f(\sigma)$ 是应力状态函数；临界损伤值 C 是与材料本身性能相关的参数。但是研究人员对钛合金、镁合金的研究发现，临界损伤值 C 可以表征为与温度和应变速率相关的函数，因此本书拟将临界损伤值 C 看作是随变形温度和应变速率变化的参量来建立镁合金温热开裂准则，因而积分形式可写为：

$$\int_{0}^{\bar{\varepsilon}_f} f(\sigma)\mathrm{d}\bar{\varepsilon}=f(T,\dot{\varepsilon}) \tag{1-10}$$

式中，T 是变形温度（℃）。左侧通过有限元模拟获得，右侧可以通过数值拟合获得。对于不同条件下临界等效应变 $\bar{\varepsilon}_f$ 的确定，董玉芬等通过热红外成像技术研究了金属试件由受力变形到断裂过程中的红外辐射信息，宏观上分析了断裂出现时的高温现象，但是热红外成像技术对实验环境要求苛刻，因此空气温度和湿度、日照、仪器发射率和测量角度等因素都会影响到测量精度。

Vinogradov A 等通过声发射法探测了镁合金变形中以弹性应力波释放的能量，探究了镁合金的滑移和孪生两种塑性变形机理之间的相互关系，但是声发射法易受到机电噪声干扰，结果未能准确给出声发射源内部缺陷的特征和规模，因此影响实验测量精度。Zhan M 等通过二分逐渐逼近的方法得到了钛合金热压缩变形过程中的临界开裂变形量，但是二分法需要进行大量重复的热压缩试验，造成实验成本高、效率低等缺点，同时测量结果也不精确。因此，寻求一种成本低、精度高、受环境因素影响小的临界开裂变形量测定方法成为亟待解决的问题。许多文献已经表明，高速摄影技术在材料冲击、焊接、压缩等高温高速变形中，观察变形过程的裂纹萌生扩展、局部剪切行为等方面已得到很好的应用。同时，高速摄影技术可以每秒拍摄几万张照片，详细地记录和表征热变形过程中的表面开裂，结合专业图像分析软件，精确地测得临界开裂变形量，解决了热红外成像技术测量精度受限、声发射法难以鉴别噪声信号以及二分法试验次数多成本高等缺陷。因此，本书拟采用高速摄影技术来研究镁合金热变形过程的开裂行为，进而确定临界开裂变形量与临界断裂等效应变。

1.3.5 高速摄影技术发展及应用

正常情况下，人眼所能记录的最快时间为 0.1 s，且是暂时性的存留，而对于较高速度的热压缩、爆炸、汽车碰撞试验等，却显得无能为力。作为研究高速运动现象的摄影技术分支之一，高速摄影能够以每秒拍摄几千到几万张图像的速度记录进行中的运动过程，并长久存留。通过获取瞬间变化现象的时空等详细信息，高速摄影技术为人类探索快速运动事件的形成机制和规律提供相当有利的材料，加速了人类对未知世界探索的进程，拓宽了人类观察自然界和工业生产的视野，对科学研究以及生产力的发展具有极大的推动作用，因此该技术目前发展迅速，并且应用广泛。

高速摄影技术利用高速相机在极短的时间内（通常是 1/2000 s 以上）曝光并记录处于高速运动状态的物体瞬间形象。其原理通常为采用高摄影频率记录物体的运动过程，用人眼可以接受的频率来放映物体的运动过程，这样就出现了把高速变化过程的时间延长的效果。例如采用 3000 帧/s 的频率拍摄，以 24 帧/s 的速度放映，相应的时间就被延缓了 125 倍，因此通过慢速放映所得到的图片，可用于测试、研究人眼不可分辨的高速瞬变的现象和运动。高速摄影技术功能的本质是将光信号转变成电信号，由于其拥有优越的动态捕捉性能，因此广泛应用于瞬间物理现象、显微高速成像、交通控制、汽车安全试验、流体力学、自然和机械快速运动物体等科研领域的拍摄。如徐锐等人应用高速摄影技术系统研究了火炮运动过程中影响其测试误差的曝光时间、坐标标定、振动冲击和摄影光位等因素，并提出了减小误差的最佳方法。李进等人通过设计高速摄影探针诊断系统，对 2A12 铝在超高速冲击试验过程中产生的等离子体进行了研究，结果表明：等离子体的主要流动方向与弹丸的飞行方向是对称的，并且得到了等离子体的温度曲线。汤雪志等人将高速摄影技术测得的弹丸飞行速度和多普勒测量结果进行对比，对两种测速方法可能导致误差的原因进行了简要分析，并得出了利用高速摄影技术来测量弹丸飞行速度的可行方法。

近年来，针对高速摄影在材料塑性成形过程中裂纹萌生扩展方面的研究，国内外学者也进行了大量工作。高红俐等人通过高速摄影有关方法进行了疲劳裂纹的扩展试验，得到裂纹在稳定扩展阶段，区域位移和应变场的变形规律。韩世昌等人通过推导 J 积分和裂纹开口位移（CMOD）的关系，给出了一种采用高速摄影技术来测量裂纹开口位移（CMOD）估算 J 积分的方法，并结合三点弯曲实验和 ABAQUS 软件进行了分析，结果验证了该方法的可行性。曲嘉等人借助于高速摄影研究了高速冲击载荷下三点弯曲试验试样的裂纹起始和后续扩展机理，并对裂纹尖端场应变场的变化进行了分析。Jajam K 等人采用高速摄影技术对两种不同弹性模量的圆柱体进行了测试，记录了包含附近裂纹的随机散斑的图片，从裂纹的轨迹和扩展速度等方面对裂纹扩展的形式进行了观察和分析。

1.4　轧辊温度场的理论研究方法与进展

在镁合金板材的热轧制过程中，存在着复杂的热交换过程。如，镁合金板本身的温度、轧制变形区的塑性变形热、镁合金板与轧辊间距离相对变化产生的摩擦热等，这些热量通过与轧辊的接触可促使轧辊温度升高，而外界空气与轧辊的自然对流和热辐射、冷却水与轧辊的接触传热等，则导致轧辊散热，轧辊温度降低。轧辊中复杂的传热形式造成沿辊身温度分布不均匀，即轧辊两端温度低中间温度高，轧辊热膨胀后其所展现的表面形状可称之为热辊形。热辊形是指轧辊在辊身方向上由于温度分布不均导致其中间膨胀两端收缩后表面呈现的轮廓形状，其值的大小用热凸度来表示，它是影响镁合金板轧制后板形和质量的重要因素之一。

镁合金板轧制过程是镁合金板连续塑性变形的过程，同时也是镁合金板、轧辊、外界空气之间能量不断交换的过程。实际上轧制过程中传热的边界条件非常复杂，轧辊在周向、轴向、径向方向上不同位置的温度都不相同，且随着时间的变化，轧辊的温度场也是随时在变化的。不均匀的温度分布引起轧辊的热凸度，从而改变了上下轧辊之间辊缝的形状，最终影响镁合金板的板形。

1.4.1 研究方法与进展

早在20世纪50年代，对于轧辊的温度场、热变形的研究，大多集中在对引起轧辊失稳破坏各种原因的报道，其中多数仅讨论在轧辊的轴向断面上的温度场和应力场，并且简单将其总结为不随时间而变的温度场和应力场之后进行讨论，研究的目的也多用于延长轧辊的使用寿命。然而随着后续生产对板形的要求越来越高，对轧辊温度场的简单处理已不能满足实际所需，因此要求轧辊温度场的研究更接近实际生产所需，即将其视为三维问题，且是瞬态温度场，详细地分析轧辊在轧制过程中温度分别在三个不同方向上的变化情况。

针对轧辊温度场的求解，通常有以下三种类型：解析法、有限差分法和有限元法。解析法是利用数学思维和数学知识求解相关问题，但是该方法需要简化模型，要求原模型不能过于复杂；有限差分法思路明确，且方法简单，可以满足实际中的使用需要；有限元法运算结果精确，但所需成本较高。F. Unger使用一系列相关的假设和数学简化式，对热传导微分方程进行了解析求解，推导出了轧辊温度场的解析表达式，其中用到的假设主要有：①解析对象是一个长度大于轧辊实际长度的计算轧辊；②把轧辊的温度场看成轴对称、稳态问题；③所有的热流输入与输出都处理成热传导问题。Schipper结合三维热边界条件，用解析法求解二维傅里叶热传导方程，建立了热凸度在线计算模型，并指出轧辊中心位置的温度变化比较缓慢，并控制着轧辊的热膨胀。Jarrett等采用Laplace变化法建立了轧辊横断面内温度场仿真模型，模型中在时间上采用隐式解法提高了模型解的稳定性，并采用较大的时间步长节省了计算量。

Tseng 等将轧辊视为置于环境温度为 T 中的无限长圆柱体，采用半解析级数（Bessel 函数）方法计算轧辊的温度场，进而建立了一个在线轧辊热凸度预报模型。杨利坡、彭艳、刘宏民等采用有限差分法求解工作辊在二维方向温度场的问题时，通过忽略轧辊圆周方向传热和轧辊温度随时间的周期性变化等因素，研究了在三维方向上的瞬时温度场，并运用编程软件 VC + + 进行编程计算了轧辊的三维温度场。中南大学的胡秋通过假设轧辊在某一方向某一时刻的温度为在轧辊这一方向上温度的积累值，简化了温度场的三维求解方法。北京科技大学的朱鲁曰、孙蓟泉、刘雅政等，运用 Marc 模拟软件建立了应用于国内某钢厂精轧机组的辊环温度场模型，获得辊环在稳定轧制状态时的温度场。东北大学的孔祥伟在模拟轧制温度场时，通过综合考虑各种热传递形式的影响作用，动态讨论了轧辊在热轧过程中的温升情况，并预测了轧辊在轧制过程中的温度分布。

1.4.2　轧辊温度控制方法

目前，对镁合金板材轧机轧辊加热的方法主要有两种，一种采用外部加热法，即在靠近轧辊表面处用加热罩辐射加热。由于轧辊和加热装置同外界存在热辐射和热交换，同时为了实现均匀加热，轧辊还要保持运转，导致这种加热方式加热效率低下（现场往往要加热 6 ~ 7 h），传热慢、均匀性差且耗能严重。另一种为内部加热，即在轧辊辊心安装固定的或随轧辊转动的一根或几根加热棒。这种方式只能实现加热，无法实现对轧辊的降温控制，往往还需配合外部冷却装置。对轧辊降温的方法也主要有两类，其中一类是外部冷却法，即在轧辊辊身表面使用乳液或轧制油来冷却轧辊。但是由于镁合金对温度变化敏感，外部冷却对轧制变形区金属的温度影响严重，喷洒的乳液或油会使轧件表面产生较大温降，因此严重影响轧件的质量和性能。同时外部冷却的温度也很难及时实现有效控制，显然不适合工业化生产。本书提供一种通过在轧辊上打孔通入流体的方法来对轧辊进行温度控制，这样可以达到任意升温或降温的效果。

全基哲等人发明了一种轧辊预热装置，该装置将若干条电阻丝沿轧辊的轴向方向依次缠绕在轧辊的外围，并将轧辊在轴向方向分为若干段，各条电阻丝对应缠绕在各分段上，若干个测温仪安装在轧辊的各分段表面，实时监测各分段的温度。徐春等发明了一种差温及等温轧辊加热装置及轧制方法，加热装置由加热棒和绝缘管组成，加热棒分为在空心轧辊辊身内的加热段和在轧辊辊颈处的常温段。惠世民等发明了一种轧辊在线加热装置及其加热方法，在轧辊表面包围一个弧形加热罩，用电磁感应加热的方式对其进行加热。王禹沪等发明了一种镁合金板材轧辊加热控制装置，是由电加热器、油箱和一对配合使用的轧辊构成，通过流入高温油进行轧辊的预热，但是没有详细地叙述传热过程。陈燕才等对一种 SCP 轧辊在不同预热条件下的预热过程进行了模拟分析，初步探索了最佳的加热方案。但是上述方法皆存在弊端，如感应加热轧辊需进行旋转，而且电阻丝加热设备占地面积大。此外这些方法无法实现对轧辊的降温控制，往往还需配合外部冷却装置，因而外部加热法加热效率低、传热慢、均匀性差且耗能严重。

1.5　镁合金组织性能预测研究进展

近年来，轧制理论研究日益成熟，依托于计算机技术，对板材轧制塑性变形过程中的理论研究开始深入到组织性能预报模型的建立和组织演变模拟程序的开发工作中。其中，组织性能预报技术是基于物理冶金理论、轧制理论和计算机应用技术，通过整合轧制过程中一系列组织性能演变的数学模型，进行板材轧制组织性能控制的工作。

关于板带轧制理论的组织性能预测模型主要包括四个部分，第一类是板材轧制前热处理组织演变模型：在轧制前的热处理过程中，板坯在加热炉中经历一定时间的保温过程，轧制前热处理组织演变模型主要是表征板坯轧制前加热保温时晶粒长大的过程；第二类是板材轧制过程中的再结晶模型：包括动态再结晶动力学模型，静态再结晶动力学模型及晶粒尺寸模型；第三类是相变模型：主要分析轧制过程中及轧制后热处理时金属内部各相的相变行为，并通过热力学模型和晶粒长大模型分析建立材料的相变动力学模型；第四类是组织－性能关系模型：通过分析与材料强韧化机制相关的组织表征参数在细晶强化作用、织构强化作用中对轧制后板材的屈服强度、抗拉强度、硬度、断后伸长率等力学性能的影响，建立屈服强度预测模型、抗拉强度预测模型、硬度模型和断后伸长率模型。

因此，结合上述轧制技术研究中的组织性能预测模型介绍，现有研究针对镁合金热轧制过程中的组织性能演变模型包括两类：一是动态再结晶模型：包括临界应变、再结晶动力学和晶粒尺寸模型（基于模拟连轧的多道次热压缩试验，可进行静态再结晶动力学、晶粒尺寸模型的建立）；二是组织－性能关系模型：包括屈服强度模型、抗拉强度模型、硬度模型、断后伸长率模型等。

在当代轧制技术中，目前所采用的组织性能预报模型有两类：统计回归模型和人工神经网络模型。其中，人工神经网络模型是基于轧钢技术已经较为成熟、各种工艺条件已相对稳定的条件下，通过采集大量的现场原始数据，将原料组成、规格、原始材料性能作为网络的初始输入值，不需要给定公式，网络自身通过这些大量的现场数据经过有限次迭代而获得各参数间相关性的规律，从而预测出轧制后板材的成分组成、屈服强度、抗拉强度、断后伸长率、硬度等材料的力学性能指标。

吴迪等基于高碳钢的奥氏体组织演变模型，借助神经元网络、数据库和自适应技术，开发出了高速线材轧制的组织性能预测模型；许云波等综合研究了动态、亚动态再结晶及静态再结晶三个因素的影响，建立了 HSLA 钢的热轧微观组织模型，并采用人工神经网络进行了轧制过程中奥氏体力学性能预报工作。贾涛建立了集装箱热轧板的组织性能预报 BP 神经网络模型组，并通过该预报模型进行了轧制参数的优化设计。

对于镁合金来说，轧制工艺还不成熟，轧制后镁合金板存在较严重的缺陷，现场数据的测试难度高，且成本大，因此，基于实验数据统计分析的组织的性能预测研究是目前工作的重点。

C. I. Chang 等采用 Zener-Holloman 参数关系对镁合金变形体系中平均晶粒尺寸、应变速率和温度之间的关系进行了研究，指出平均晶粒度与 Zener-Holloman 参数存在一定的线性关系。Y. Prasad 等通过热压缩实验数据，绘制了镁合金热轧制加工图，研究了 AZ31 镁合金板平行于轧制方向、横向和厚度方向的各向异性现象，指出镁合金轧制变形后的各向异性是由织构引起的，而且动态再结晶区域的平均晶粒度与 Z 参数存在线性关系。刘筱等通过修正位错密度演变模型，经元胞自动机（CA）方法较为精确地模拟出不同应变速率热压缩变形过程中，镁合金晶粒尺寸的演变情况。Y. Shao 等采用有限元模型（FEM）与欧拉自适应网格划分方法，将多晶体塑性变形模型与动态再结晶模型相结合，研究了材料织构的演变和软化过程，模拟出了 AZ31 镁合金在高温挤压变形时的组织织构模型。H. Ding 等基于 AM50 镁合金动态再结晶模型，设计了组织模拟程序，模拟了多道次轧制过程中镁合金的微观组织演变情况，经微观组织演变模拟结果与实验结果相比较，验证了程序的合理性和可应用性。S. R. Agnew 等建立了能够预测镁合金在等径角挤压变形过程中微观组织织构和晶粒尺寸的塑性自适应多晶体模型。A. J. Carpenter 等基于晶界滑移（GBS）蠕变和位错攀移（DC）蠕变机制，在单向和双向应力状态下建立了新的 AZ31 镁合金热力变形本构预测模型。

现有研究成果大都是有关镁合金轧制过程中的热力变形机理模型和微观组织演变模型的研究，这些研究大多通过热压缩实验数据进行镁合金本构模型及再结晶模型的建立，进而通过有限元或自开发的计算机程序进行镁合金热变形过程中的微观组织演变的模拟，但对于镁合金轧制组织性能预报技术的研究鲜有报道。因此，基于轧制理论和实验分析，进行镁合金轧制的组织性能预报工作研究具有重要意义。

参考文献

[1] 陈振华．变形镁合金［M］．北京：化学工业出版社，2005.

[2] 丁文江．镁合金科学与技术［M］．北京：科学出版社，2007.

[3] 康锋．背压对镁合金等径角变形的作用［D］．南京：南京理工大学，2010.

[4] 余琨，黎文献，王日初，等．变形镁合金的研究、开发及应用［J］．中国有色金属学报，2003（2）：277-288.

[5] 姚素娟，张英，褚丙武，等．镁及镁合金的应用与研究［J］．世界有色金属，2005（1）：26-30.

[6] Rodriguez Atencio A K. Effect of Strain Rate and Temperature on Fracture and Damage of Magnesium Alloy AZ31B［J］. ACTA MATERIALIA，2015，112（6）：194-208.

[7] 刘筱，朱必武，李落星，等．挤压态 AZ31 镁合金热变形过程中的孪生和织构演变［J］．中国有色金属学报，2016，26（2）：288-295.

[8] 周德智，鲁月，马茹，等．热挤压 AZ31 镁合金单向压缩变形的应变硬化行为［J］．中国有色金属学报，2015，25（5）：1128-1135.

[9] 陈振华，杨春花，黄长清，等．镁合金塑性变形中孪生的研究［J］．材料导报，2006，20（8）：107-113.

[10] 韩廷状，黄光胜，王游根，等. AZ31 镁合金板材经过连续弯曲变形后显微组织和成形性能的变化（英文）[J]. 中国有色金属学报（英文版），2016，26（8）：2043-2050.

[11] 韩松. 挤压态 Mg-12Gd-3Y-0.5Zr（*wt.* %）合金力学性能及组织研究 [D]. 南京：南京理工大学，2012.

[12] 朱玉涛. 多晶纯钴在动态塑性变形后的退火组织及变形孪晶研究 [D]. 重庆：重庆大学，2011.

[13] 何上明. Mg-Gd-Y-Zr（-Ca）合金的微观组织演变、性能和断裂行为研究 [D]. 上海：上海交通大学，2007.

[14] 李小飞，左汝林，林崇智. 镁合金塑性变形过程中孪生行为的研究 [J]. 热加工工艺，2012，41（4）：32-35.

[15] 黄洪涛. AZ31 镁合金塑性变形机制及再结晶行为的研究 [D]. 北京：清华大学，2013.

[16] 黄蓓蓓，蔡庆伍，魏松波，等. AZ31 镁合金热压缩变形行为分析 [J]. 热加工工艺，2007，36（24）：20-23.

[17] 王忠堂，张士宏，齐广霞，等. AZ31 镁合金热变形本构方程 [J]. 中国有色金属学报，2008，18（11）：1977-1982.

[18] 董方，柏媛媛，王宝峰. AZ31 镁合金热成形过程中的本构关系 [J]. 轻合金加工技术，2012（10）：62-66.

[19] 王智祥，刘雪峰，谢建新. AZ91 镁合金高温变形本构关系 [J]. 金属学报，2008，44（11）：1378-1383.

[20] 张艳姝. 镁合金热变形性能试验研究及本构参数识别 [D]. 北京：机械科学研究总院，2005.

[21] 黄光胜，汪凌云，黄光杰，等. AZ31 镁合金高温本构方程 [J]. 金属成形工艺，2004，22（2）：41-44.

[22] 薛翠鹤. AZ31 镁合金板材温热高速率本构关系研究 [D]. 武汉：武汉理工大学，2010.

[23] 郭强，严红革，陈振华，等. ZK60 镁合金高温压缩道次间软化规律的研究 [J]. 材料工程，2006（8）：9-12.

[24] Maksoud I A, Ahmed H, Rödel J. Investigation of the effect of strain rate and temperature on the deformability and microstructure evolution of AZ31 magnesium alloy [J]. Materials Science and Engineering: A, 2009, 504 (1): 40-48.

[25] 薛晓峰. 应力腐蚀破裂裂尖微观力学场的数值模拟与分析 [D]. 西安：西安科技大

学，2011.
[26] 陈影，付宁宁，沈长斌，等 . 5083 铝合金搅拌摩擦焊搭接接头研究 [J]. 材料工程，2012 (6)：24-27.
[27] 王瑆 . 合金元素对镁层错能和孪晶偏析能的影响规律及作用机制 [D]. 长春：吉林大学，2015.
[28] 吕仙姿 . 镍基单晶高温合金蠕变过程中位错组态及芯部结构研究 [D]. 济南：山东大学，2017.
[29] 吴远志，严红革，刘先兰，等 . ZK60 镁合金高应变速率锻造成形 [J]. 哈尔滨工程大学学报，2017，38 (3)：478-483.
[30] 陈奇志，褚武扬 . 韧断微裂纹形核的原位观察与研究 [J]. 中国科学：数学、物理学、天文学、技术科学，1994 (3)：291-297.
[31] A M Freudenthal. The inelastic behavior of engineering materials and structures [M]. New Jersey：John Wiley，1950.
[32] M G Coekeroft，D J Latham. A Simple Criterion of Fracture for Ductile Metals [J]. Inst. Met，1968 (96)：33-39.
[33] P Brozzo，B Deluea，R Rendina. A New Method for the Prediction of Formability Limits in Metal Sheets，Sheet Metal Forming and Formability [J]. In：Procedings of the Seventh Biennial Conference of the International Deep Drawing Research Group，1972：223-230.
[34] H A Kuhn，P W Lee，T Erturk. A Fracture Criterion for Cold Forming [J]. Journal of Engineering Materials & Technology，1973，95 (4)：213.
[35] F A Mcclintock. A Criterion for Ductile Fracture by the Growth of Holes [J]. Journal of Applied Mechanics Transactions of the Asme，1968，35 (2)：363-371.
[36] J R Rice，D M Tracey. On the ductile enlargement of voids in triaxial stress fields [J]. Journal of the Mechanics & Physics of Solids，1969，17 (3)：201-217.
[37] M Oyane. Criteria of Ductile Fracture Strain [J]. Jsme International Journal，1972，90 (15)：1507-1513.
[38] 张士宏，宋鸿武，徐勇，等 . 一种韧性断裂损伤力学建模方法及其应用 [J]. 精密成形工程，2011 (6)：27-32.
[39] 苌群峰，彭颖红，杜朝辉 . 镁合金板材温热成形韧性破裂准则 [J]. 机械工程学报，2009，45 (10)：294-299.
[40] 郑长卿，雷登 . 三轴应力状态与断裂应变的关系——建议一个新的延性断裂判据及相关的材料延性断裂参数 [J]. 西北工业大学学报，1985 (1)：26-35.

[41] 董玉芬，林毅明，王来贵，等. 红外热像仪用于金属材料断裂过程的实验研究 [J]. 辽宁工程技术大学学报，2006，25（6）：848-850.

[42] A Vinogradov，K Máthis. Acoustic Emission as a Tool for Exploring Deformation Mechanisms in Magnesium and Its Alloys In Situ [J]. JOM，2016，68（12）：1-6.

[43] M Zhan，T Zhang，H Yang，et al. International Journal of Advanced Manufacturing Technology [J]. The International Journal of Advanced Manufacturing Technology，2016，87（5-8）：1345-1357.

[44] 彭雯雯. 基于高速摄影技术的 Ti60 钛合金热压缩变形开裂准则研究 [J]. 稀有金属材料与工程，2016，45（2）：399-403.

[45] A I Azmi，R J T Lin，D Bhattacharyya. High-Speed Photographic Study of Chip Formation during End Milling of GFRP Composites [J]. Advanced Materials Research，2014（845）：915-919.

[46] T Nishioka，Y Negishi，H Sumii，et al. Ultra High-Speed Photography and Moving Finite Element Analysis for Dynamic Crack Branching under Impact Loading [J]. Journal of the Society of Materials Science，Japan，2012，61（11）：894-899.

[47] H Shenghai，F Zefa，W Yutian. Research on Detonation Propagating Process of Explosive Faults Nonel Tube by High Speed Photograph [J]. Explosive Materials，2013，42（3）：41-44.

[48] 孙文山. 高速摄影及其在现代兵器领域的应用 [J]. 现代兵器，1983（2）：11-21.

[49] W G Hyzer，肖正祥，李景镇. 高速摄影与光子学 [J]. 光子学报，1981，10（4）：55-71.

[50] 徐锐，杨国来，陈强，等. 高速摄影技术在火炮运动学分析中的测试误差研究 [J]. 南京理工大学学报（自然科学版），2015，39（05）：523.

[51] 李进，李运良，钱秉文，等. 超高速碰撞产生等离子体的实验 [J]. 电工技术学报，2017，32（8）：103-107.

[52] 汤雪志，王志军，尹建平，等. 弹丸速度测量的高速摄影试验研究 [J]. 兵器装备工程学报，2017，38（12）：167-170.

[53] 高红俐，刘欢，齐子诚，等. 基于高速数字图像相关法的疲劳裂纹尖端位移应变场变化规律研究 [J]. 兵工学报，2015，36（9）：1772-1781.

[54] 韩世昌，黄亚宇，胡斌. 通过裂纹开口位移（CMOD）对 J 积分预测的方法研究[J]. 力学季刊，2015（2）：232-238.

[55] 曲嘉，李东昌，黄超. 动态断裂韧性实验中 DIC 技术应用研究 [J]. 中国测试，

2016，42（10）：45-48.

[56] K Jajam，H Tippur. Interaction between a dynamically growing crack with stiff and compliant inclusions using DIC and high-speed photography [M]. New York：Application of Imaging Techniques to Mechanics of Materials and Structures，2013：63－69.

[57] 高建红．热轧带钢精轧机工作辊热变形行为的研究 [D]. 上海：上海交通大学，2009.

[58] 张朝锋．基于局部一维隐式法铝板带热轧工作辊热辊型快速预测研究 [D]. 长沙：中南大学，2011.

[59] 孙蓟泉，周永红．板形控制技术及应用 [J]. 鞍钢技术，2006（4）：6-11.

[60] 张晓建．300 冷带轧机工作辊温度场建模仿真与实验研究 [D]. 秦皇岛：燕山大学，2010.

[61] 左华芳．基于承载辊缝形状的板带热轧辊型曲线设计方法研究 [D]. 昆明：昆明理工大学，2008.

[62] 陈林．热轧过程三维有限元热力耦合分析及板凸度变化规律研究 [D]. 长沙：中南大学，2007.

[63] 张国良．1700 五机架冷连轧机工作辊热辊型的研究 [D]. 秦皇岛：燕山大学，2010.

[64] 董瑞红．板带轧制中工作辊热变形的有限元模拟 [D]. 包头：内蒙古科技大学，2009.

[65] 李兴东，孙大乐，连家创，等．宝钢 1580 工作辊热变形的数值模拟与实验研究 [J]. 中国机械工程，2006，17（3）：279-283.

[66] Unger Freidmar，Weber Karl Heinz. Effect of the Heat Transfer Coefficient and Roll Radius on the Temperature and Thermal Camber of Rolls in Cold Rolling [J]. Neue Huette，1979，24（4）：138-140.

[67] Schipper G. Practical method to calculate effects of work roll cooling on strip shape and crown [J]. Ironmaking and Steelmaking（UK），1996，23（1）：66-68.

[68] Jarrett S，Allwood J M. Fast model of thermal camber evolution in metal rolling for online use [J]. Ironmaking and Steelmaking，1999，26（6）：439-448.

[69] Tseng A A，Tong S X，Chen T C. Thermal expansion and crown evaluations in rolling processes [J]. Materials and Design，1996，17（4）：193-204.

[70] Huang C H，Ju T M，Tseng AA. The estimation of surface thermal behavior of the working roll in hot rolling process [J]. International Journal of Heat and Mass Transfer，1995，38（6）：1019-1031.

[71] 杨利坡，彭艳，刘宏民．热连轧工作辊三维瞬态温度场数值模拟［J］．燕山大学学报，2004，28（5）：380-383.

[72] 胡秋．轧辊三维瞬态温度场的一种二维简化计算模型——400×1850铝板带冷轧机工作辊温度场与热变形数值模拟［D］．长沙：中南大学，2002.

[73] 朱鲁曰，孙蓟泉，刘雅政．高线精轧辊环温度场数值模拟［J］．机械工程与自动化，2004（3）：1-3.

[74] 孔祥伟，李壬龙，王秉新，等．轧辊温度场及轴向热凸度有限元计算［J］．钢铁研究学报，2000，12（S1）：51-54.

[75] 全基哲，段明南，姚寿军，等．一种轧辊预热装置：CN202238896U［P］. 2011-9-23.

[76] 徐春，周漭森，饶晓华，等．差温及等温轧辊加热装置及轧制方法：CN103223417A［P］．2015-1-13.

[77] 惠世民，朱盛林，张路漫，等．一种轧辊在线加热装置及其加热方法：CN103223417A［P］. 2013-3-8.

[78] 王禹沪，王治国．镁合金板材轧辊加热控制装置：CN 202921654U［P］. 2012-12-17.

[79] 陈燕才，鲁光涛，李华，等．CSP轧辊预热条件的研究［J］．装备维修技术，2012（3）：11-13.

[80] 蒋显全，程仁菊，潘复生，等．轧辊预热保温系统：CN103480657A［P］. 2013-10-9.

[81] 任勇，程晓茹．轧制过程数学模型［M］．北京，冶金工业出版社，2008.

[82] 吴迪，赵宪明，何纯玉．高碳钢高速线材轧制组织性能预测模型研究［J］．钢铁，2003（3）：43-46.

[83] 许云波，邓天勇，于永梅，等．X70管线钢热连轧过程奥氏体再结晶、晶粒尺寸和平均流变应力的预测［J］．钢铁，2007（11）：69-73.

[84] 贾涛，胡恒法，曹光明，等．基于组织－性能预测的集装箱热轧板工艺优化［J］．钢铁，2008（11）：54-58.

[85] C I Chang，C J Lee，J C Huang. Relationship between grain size and Zener-Holloman parameter during friction stir processing in AZ31 Mg alloys［J］. Scripta Materialia，2004，51（6）：509-514.

[86] Y Prasad，K P Rao. Processing maps for hot deformation of rolled AZ31 magnesium alloy plate：Anisotropy of hot workability［J］. Materials Science and Engineering：A，2008，487（1）：316-327.

[87] 刘筱，朱必武，李落星．Laasraoui-Jonas位错密度模型结合元胞自动机模拟AZ31镁合金动态再结晶［J］．中国有色金属学报，2013，23（4）：898-904.

[88] Y Shao, T Tang, W Tang, et al. Modeling of extrusion texture of AZ31 magnesium alloy with consideration of dynamic recrystallization [J]. Procedia Engineering, 2014 (81): 592-597.

[89] H Ding, T Wang, Y Lei, et al. FEM modeling of dynamical recrystallization during multi-pass hot rolling of AM50 alloy and experimental verification [J]. Transactions of Nonferrous Metals Society of China, 2013, 23 (9): 2678-2685.

[90] S R Agnew, D W Brown, C N Tomé. Validating a polycrystal model for the elastoplastic response of magnesium alloy AZ31 using in situ neutron diffraction [J]. Acta Materialia, 2006, 54 (18): 4841-4852.

[91] A J Carpenter, A R Antoniswamy, J T Carter, et al. A mechanism-dependent material model for the effects of grain growth and anisotropy on plastic deformation of magnesium alloy AZ31 sheet at 450℃ [J]. Acta Materialia, 2014 (68): 254-266.

第2章　AZ31B镁合金热变形行为及道次间软化行为研究

2.1　实验材料和方法

2.1.1　实验材料

热模拟试验采用圆柱体单轴压缩，材料元素含量见表2-1。采用线切割在铸态板坯相同部位切取规格为ϕ8.3 mm×12.5 mm的圆柱试样，图2-1为试样的切取过程，随后将试样机械加工成ϕ8 mm×12 mm的圆柱试样，最终几何尺寸如图2-2所示。

表2-1　AZ31B镁合金板材化学元素含量（质量分数，%）

元素	Al	Zn	Mn	Fe	Si	Cu	Ni	Mg
含量	3.37	0.86	0.29	0.04	0.1	0.0015	0.0047	余量

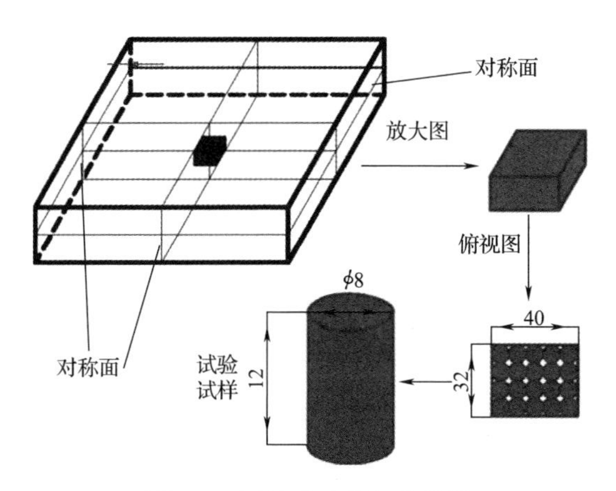

图2-1　压缩试验制备流程图

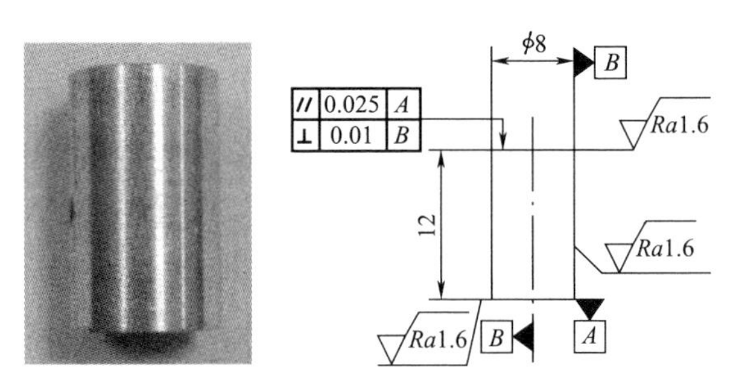

图 2-2　热压缩试样及几何尺寸

2.1.2　实验方法

1. 单道次压缩实验

热压缩实验在 Gleeble 热/力模拟试验机上进行。压缩前，在试样的中部区域焊接上热电偶，两根热电偶丝之间的距离为 2 ~ 3 mm，同时在试样与压头间涂抹润滑剂以减小摩擦。将试验机调整至合适的位置，把压缩试样压在压头上，使得压缩试样的轴线和水平面平行，两根热电偶丝的另一端和温控热电偶连接。

图 2-3 为实验过程中 AZ31B 镁合金圆柱试样的热压缩工艺曲线，首先以 10℃/s 升温速度将试样加热到试验温度，并保温 90 s 以保证试样具有良好的温度稳定性，随后依据设定的应变速率完成压缩实验，每个压缩实验最大压下

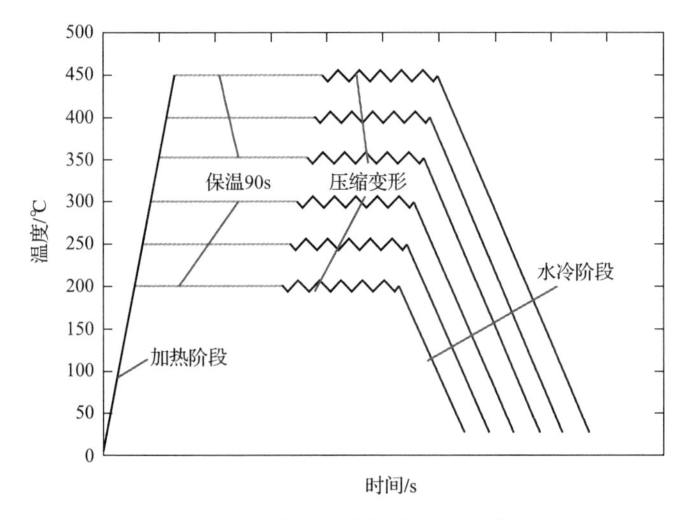

图 2-3　镁合金热压缩工艺曲线

量为 65%，变形后的试样用水激冷。实验设定的工艺参数如下：变形温度为 200 ~ 450℃；应变速率为 0.005 ~ 5 s^{-1}。

2. 双道次压缩实验

实验仍在 Gleeble 热/力模拟试验机上完成，压缩试样为 10 mm × 15 mm × 20 mm 的长方体，压头与实验材料间经过润滑处理，第一道次变形量为 25%，总变形量为 50%，升温速度 5℃/s，压缩前保温 3 min。变形温度 250 ~ 450℃，变形速率 0.005 ~ 1 s^{-1}，道次间隔时间 15 ~ 180 s。

2.2　AZ31B 镁合金单道次压缩变形特性

一般来说，金属材料的流变应力曲线分为回复型和再结晶型：

（1）回复型流变应力曲线主要出现在堆垛层错能较大的金属材料中，受自扩散系数较小的影响，高温下变形时此类金属通常易产生位错的交滑移和攀移。随着变形量的增加，加工硬化致使流变应力急剧增大，金属内部产生位错的交滑移和攀移使金属产生软化效应，随着变形量的继续增大，加工硬化与动态回复软化效果逐渐趋于平衡，材料的净加工硬化率逐渐减小直至为零，此时材料的流变应力达到最大值并开始恒定不变。这种典型的回复型流变应力常见于铁素体钢及其合金、铝及其合金、锌及其合金等，流变应力曲线特征如图 2-4a 所示。

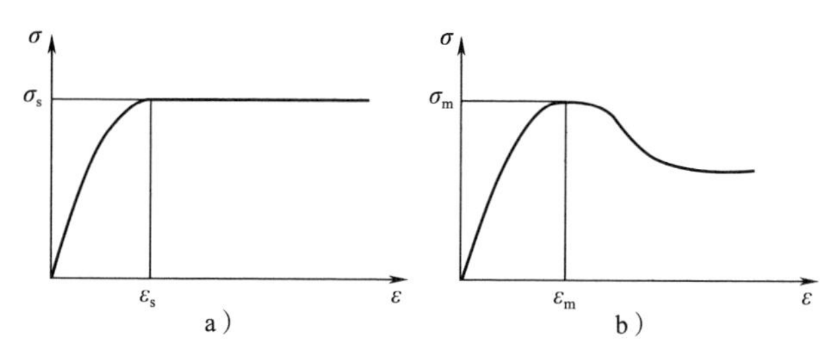

图 2-4　材料典型的应力 - 应变曲线
a）回复型　b）再结晶型

（2）再结晶型流变应力曲线主要出现在层错能较低的金属材料中，此类金属材料在热加工过程中动态回复进行得比较缓慢，无法像其他金属那样在瞬间完成动态回复，对加工过程中的软化贡献较小。当材料变形量达到一定值时，位错的增加为材料提供再结晶所需的能量，其软化效果将逐渐增大。在热变形开始时，加工硬化将使金属流变应力逐渐增大，当应变达到一定值时动态再结晶软化效果与加工硬化效果达到平衡，此时流变应力达到峰值，当应变继续增大，动态再结晶软化将使流变应力减小。这种典型的再结晶型流变应力主要出现在奥氏体钢、铜、镁及其合金等层错能低的金属变形过程中，流变应力曲线特征如图 2-4b 所示。

镁合金高温塑性变形中，加工硬化和再结晶软化同时存在，并且在不同变形阶段中两者发挥的作用及其对塑性变形的贡献有所不同，但最终都会保持动态平衡。在初始变形阶段，由于变形量小于再结晶的临界值，再结晶行为不能发生，导致压缩试样的位错滑移受阻，位错密度增加，以及位错缠结的形成，最终造成位错滑移困难。在此过程中，镁合金的真应力快速增加，即表现出加工硬化状态，又由于镁合金的层错能较低，镁合金内部特别容易形成位错堆积，滑移攀移均难进行，动态回复同样难以进行。但随着压缩过程的持续，动态回复不能充分地缓解位错缠结，导致内部应力的集中，从而为动态再结晶行为的开启提供了充足的驱动力。

图 2-5 显示了 AZ31B 在热变形条件下因发生加工硬化和动态软化机制而呈现的真应力 - 真应变曲线。变形初始阶段，加工硬化起主导作用，材料流变应力急剧增大。随后流变应力增长的速度逐渐减小至零，此时加工硬化产生的硬化作用和动态再结晶产生的软化作用相平衡，流变应力达到最大值。随着应变的继续增大，动态再结晶开始起主导作用，导致流变应力逐渐减小，最后曲线趋近于稳定，可以认为此变形时刻 AZ31B 镁合金处于流变稳定阶段，软化作用和硬化作用处于平衡状态。曲线在峰值后阶段会出现不同程度的波浪形特征，其中波峰为软化作用大于加工硬化作用，是动态再结晶软化开启的体现；波谷为软化作用小于加工硬化作用，可以认为是动态再结晶软化结束的体现。随着变形的进行，材料储存一定的变形能，当变形能达到某一数值时，组织内又开始新的再结晶过程，最终形成真应力 - 真应变曲线的波浪形特征。由此可见，AZ31B 镁合金热变形过程属于明显的动态再结晶型，其变形过程是一个加工硬化与动态再结晶软化相互竞争，直至平衡的过程。

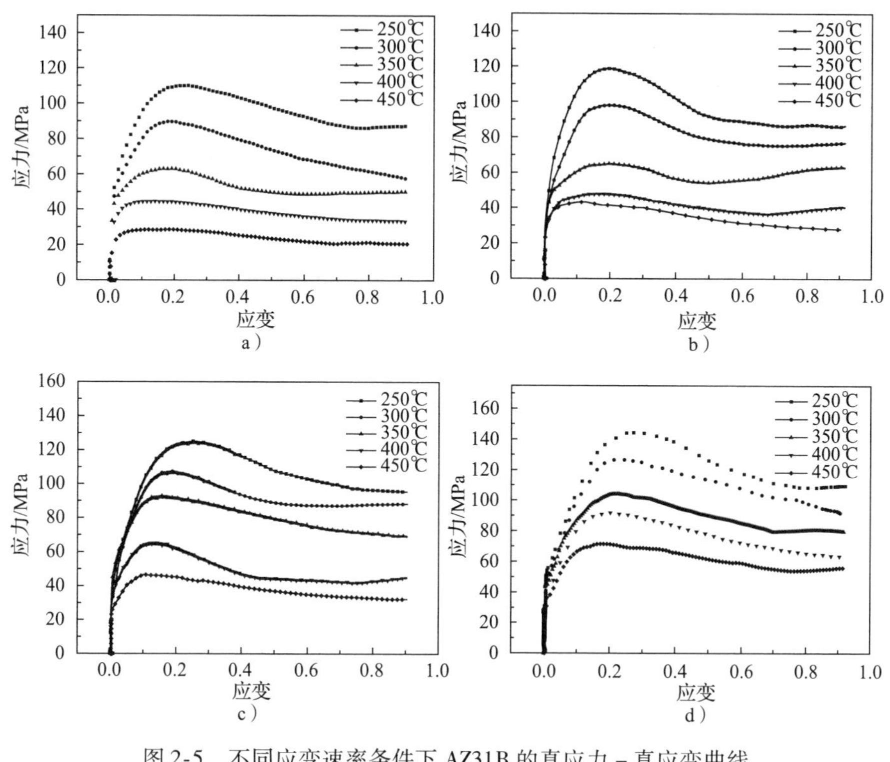

图 2-5　不同应变速率条件下 AZ31B 的真应力 - 真应变曲线
a）$\dot{\varepsilon}=0.005\ s^{-1}$　b）$\dot{\varepsilon}=0.05\ s^{-1}$　c）$\dot{\varepsilon}=0.5\ s^{-1}$　d）$\dot{\varepsilon}=5\ s^{-1}$

由图 2-5 可知，变形速率对流变应力的影响较大，表现为流变应力随着变形速率的增大而增大。在金属热变形过程中，变形速率越快，则位错运动中遇到的阻力会越大，表现为流变应力增大。此外，随着变形速率的增大，材料峰值逐渐右移，即峰值应变呈增大的趋势，这可归因于较高的变形速率会导致变形过程中位错的滑移和攀移受阻，材料内部在很短的时间内储存了大量的能量，而较大的能量促进了动态再结晶的软化作用，使达到峰值时的应变产生右移。另外，较大的变形速率使变形过程中金属内部产生了大量的变形热，变形热易导致变形区金属温度的升高，从而促进动态再结晶的发生。

2.3　AZ31B 镁合金热加工图

热加工图是功率耗散图和失稳图在变形温度和应变速率空间中的叠加。为了有效避开失稳变形区，获得具有良好组织性能的材料，优化材料的加工性能，众多研究者对此做出了许多贡献。1982 年，Frost 与 Ashby 开始提出采用变形机制图来表达热加工工艺参数对材料塑性变形的影响。1996 年 Gegel 首先给出动态材料模型（DMM）这一概念，此后，经过 Raj、Gegel、Prasad、Malas、Alexander 等学者的进一步扩充和完善，DMM 中各参数有了明确的物理意义，接着又给出了变形稳态区与失稳区的判断依据以及建立失稳图的方法，最终形成完整的加工图理论。

在一定变形温度和应变速率下，材料的热加工过程对应变速率的影响可用下面的动力学方程表示：

$$\bar{\sigma} = K\dot{\varepsilon}^{m} \tag{2-1}$$

式中，K 是常数；m 是应变速率敏感指数，其定义为

$$m = \frac{\mathrm{d}J}{\mathrm{d}G} = \frac{\dot{\varepsilon}\mathrm{d}\sigma}{\sigma\mathrm{d}\dot{\varepsilon}} = \left|\frac{\partial(\ln\sigma)}{\partial(\ln\dot{\varepsilon})}\right|_{\varepsilon,T} \tag{2-2}$$

在变形过程中，工件从设备与接触模具中吸收的功率 P 可以用下式表示：

$$P = \sigma\dot{\varepsilon} \tag{2-3}$$

分别从两个方面进行耗散：

$$P = G + J = \int_0^{\dot{\varepsilon}}\sigma\mathrm{d}\dot{\varepsilon} + \int_0^{\sigma}\dot{\varepsilon}\mathrm{d}\sigma \tag{2-4}$$

此处 $G = \int_0^{\dot{\varepsilon}}\sigma\mathrm{d}\dot{\varepsilon}$，为功率耗散量；$J = \int_0^{\sigma}\dot{\varepsilon}\mathrm{d}\sigma$，为功率耗散协变量。

$$J = \frac{K(\sigma/K)^{\frac{1}{m+1}+1}}{\frac{1}{m}+1} = \frac{m}{1+m}\sigma\dot{\varepsilon} \tag{2-5}$$

η 是一个无量纲参数，主要表达了工件在特定应变速率和变形温度参数范围内的微观变形机理，反映了材料的功耗特性，是应变、应变速率和变形温度的函数，较高的 η 值对应于最佳的热加工性能区域，可用下式表示：

$$\eta = \frac{J}{J_{\max}} = \frac{2m}{m+1} \tag{2-6}$$

$$\xi_{\varepsilon} = \frac{\partial\ln[m/(m+1)]}{\partial\ln\varepsilon} + m \tag{2-7}$$

当 $\xi_{\varepsilon}<0$ 时，以 T 为 x 轴，$\dot{\varepsilon}$ 为 y 轴，画出失稳图，参数 ξ_{ε} 作为变形温度和应变速率的函数，在能耗图上标出该值为负的区域称为流变失稳区，该图即为流变失稳图。

图 2-6 表示 AZ31B 镁合金在真应变为 0.25 时的热加工图。其中实等高线表示功率耗散系数，阴影部分为失稳区。可以看出，AZ31B 镁合金的功率耗散系数从左上角到右上角逐渐增加，呈现典型的镁合金热压缩变形特点。其中，变形条件为 250℃/10 s^{-1}时功率耗散系数最小，约为 6.3%，该条件下柱面滑移系未能起动，加之变形速率较快，变形时间较短，镁合金晶粒形核困难，动态再结晶行为较弱，热转化效率较低；而变形条件为 450℃/0.01 s^{-1}时功率耗散系数最大，约为 45%，此时，随着变形温度升高，镁合金的活动能力增强，柱面和锥面滑移等塑性变形机制得以发生，加之应变速率较低，变形时间延长，镁合金在充足的时间内形核率增加，形核量增多，位错密度较低，再结晶现象明显。同时可以看到，低温和低应变速率、中温和高应变速率、高温和低应变速率三个区域的规律突出，而且存在较大的差异性。考虑温度恒定时的情况，低温和低应变速率区域的功率耗散系数会随着应变速率的增大而减小，最大值约为 28%，；中温高应变速率区的功率耗散系数随着应变速率的减小而减小，最大值约为 45%；高温高应变速率区的功率耗散系数随着应变速率的减小而增大，最大值约为 45%。流变失稳图中的失稳区域共有三个：温度为 250 ~ 315℃、应变速率为 0.09 ~ 0.25 s^{-1}区间，该区域易于变形，晶粒通过位错向晶界移动，使得沿与轴线呈 45°的区域形成剪切带，发生动态再结晶，随

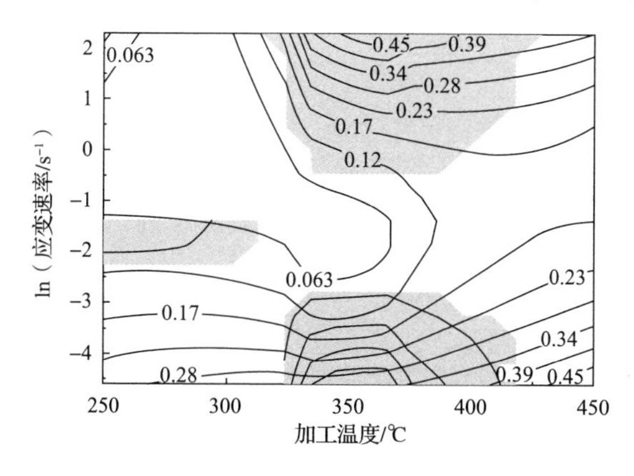

图 2-6　铸态 AZ31B 镁合金热压缩在 $\varepsilon=0.25$ 时的加工图

着变形的进行，晶粒内部位错密度较低，组织难以发生塑性变形，形成开裂现象，致使失稳现象的出现，如图 2-7a 所示；温度为 325 ~ 420℃、应变速率为 0.01 ~ 0.08 s^{-1}区间，该区域镁合金变形后组织内存在大量动态再结晶，整体组织相对均匀，存在部分不均匀区域，随着变形的进行，大晶粒组织金属塑性流动，致使裂纹产生，组织发生失稳现象，如图 2-7b 所示；温度为 315 ~ 425℃、应变速率为 1.65 ~ 10 s^{-1}区间，该区域由于应变速率较大，镁合金在成形过程中局部塑性热来不及传导到其他的未变形区域，进而形成绝热剪切，造成失稳现象，如图 2-7c 所示，除这三个区域外，其余均为变形稳定区。因此，镁合金热加工时应尽量不用不合理的热变形工艺，在工艺制订上避免试件的开裂。

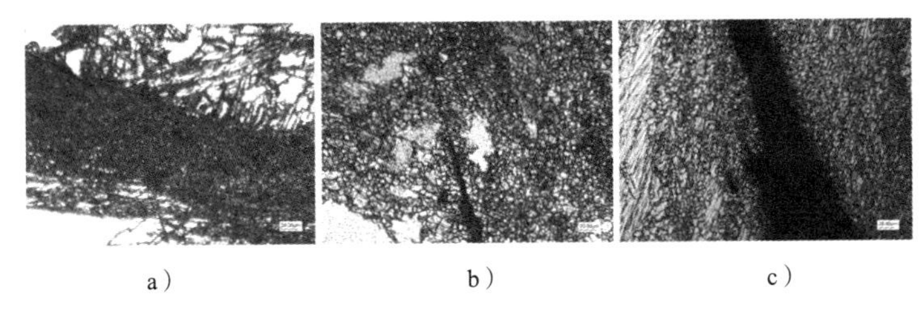

a）　　b）　　c）

图 2-7　铸态 AZ31B 镁合金热压缩金相图

2.4 AZ31B 镁合金的本构方程及变形抗力数学模型

2.4.1 Arrhenius 本构方程

通常金属的流动应力方程可描述为：

$$\dot{\varepsilon} = f(\sigma, T, S_i, P_i)$$

该式表示的是流变应力、温度、状态以及材料的有关参数对变形应变速率的影响。2.1.1 节中所述层错能较高的金属在一定的应变速率下变形时，在应变较小的情况下应力会随着应变的增加而快速增加，当应变达到一定程度后应力基本保持恒定。对于这类金属的应力应变规律，可以将金属的热变形应力看作是关于温度和应变速率的函数，可用如下函数表示：$\dot{\varepsilon} = f(\sigma, T)$，金属的流变应力方程即可根据该式求解。Froster 和 Ashby 两位学者据此函数关系提出了针对镁的高温低应力状态下的流动应力方程：

$$\dot{\varepsilon} = A_1\sigma^n\exp(-Q/RT) \tag{2-8}$$

式中，$\dot{\varepsilon}$ 是热变形应变速率（s^{-1}）；σ 是流变应力（MPa）；Q 是材料热变形激活能（J/mol）；R 是通用气体常数［J/(mol · K)］；T 是变形温度（K）；A_i 是结构因子，是与材料有关，与温度无关的常数（$i=1$，2，3，…）。

在此之后，Galiyev 等学者经研究发现 AK60 镁合金也适用于上述模型，提出在变形温度 423 ~ 773K、应变速率 $10^{-4} \sim 10^{-2}s^{-1}$ 的变形条件下可将变形温度划分为三个温度区间来分别研究。在温度较低时（小于 523K），热变形本构方程可用指数方程来表示，即：

$$\dot{\varepsilon} = A_2\exp(\beta\sigma)\exp(-Q/RT) \tag{2-9}$$

式中，A_2 和 β 是常数。

当变形温度为 523 ~ 623K、应力指数为 7 和变形温度 623 ~ 773K、应力指数为 2.2 时，镁及其合金的流变应力方程可采用幂指数方程来表示。

然而，上述流变应力模型并不能表示镁合金所有变形状态下的流变应力变化规律。后来有学者提出了更为适合镁合金流变应力的模型，即 Arrhenius 方程：

$$\dot{\varepsilon} = A_3(\sinh\alpha\sigma)^n\exp(-Q/RT) \tag{2-10}$$

式中，$\dot{\varepsilon}$ 是应变速率（s^{-1}）；Q 是变形激活能（J/mol），与材料有关；σ 是流变应力（MPa）；n 是应力指数；T 是温度（℃）；R 是摩尔气体常数［8.314J/(mol · ℃)］；A_3 和 α 是与材料有关的常数。

将双曲正弦模型：

$$\sinh(x) = \frac{e^x - e^{-x}}{2} \tag{2-11}$$

代入式（2-8）进行简化，结果如下：

（1）在应力水平较低的情况下，当 $\alpha\sigma < 1$ 时，$\sinh(\alpha\sigma) \approx \alpha\sigma$，可以简化为：

$$\dot{\varepsilon} = A(\alpha\sigma)^{n'}\exp(-Q/RT) \tag{2-12}$$

（2）在应力水平较高的情况下，当 $\alpha\sigma>1$ 时，$\sinh(\alpha\sigma)\approx\frac{e^{\alpha\sigma}}{2}$，可以简化为：

$$\dot{\varepsilon} = \frac{A}{2}\exp(\alpha\sigma - Q/RT) \tag{2-13}$$

对式（2-11）和式（2-12）两边取对数，可以转换为：

$$\ln\sigma = \frac{1}{n'}\ln\dot{\varepsilon} - \frac{Q}{n'RT} - \frac{\ln A}{n'} - \ln\alpha \tag{2-14}$$

$$\sigma = \frac{1}{\beta}\ln\dot{\varepsilon} - \frac{1}{\beta}\ln A \tag{2-15}$$

根据式（2-14）作拟合直线图 $\ln\sigma_P-\ln\dot{\varepsilon}$，如图 2-8 所示，可知该拟合直线的斜率的倒数就是 n'，可以得到 $n'=22.3$。

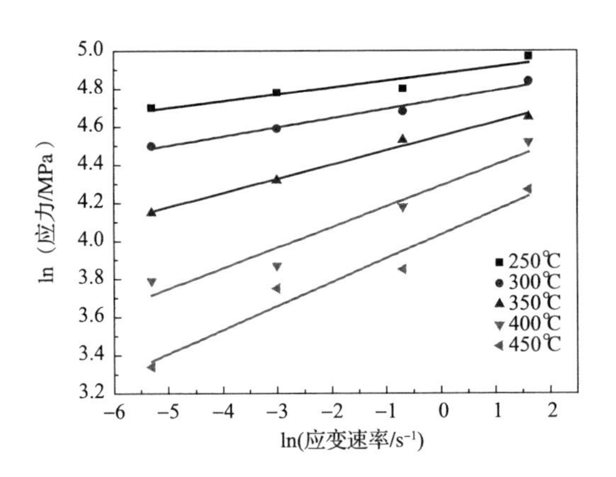

图 2-8　镁合金 $\ln\sigma_p-\ln\dot{\varepsilon}$ 曲线

根据式（2-15）作拟合直线图 $\sigma_P-\ln\dot{\varepsilon}$，如图 2-9 所示，可知该拟合直线的斜率就是 β 的倒数，可以得到 $\beta=0.23$。

由 $\beta=\alpha n'$，可以得到 $\alpha=0.0112$。

对式（2-8）两边取对数：

$$\ln[\sinh(0.0112\sigma)] = \frac{1}{n}\ln\dot{\varepsilon} - \frac{1}{n}\ln A + \frac{Q}{nRT} \tag{2-16}$$

作拟合直线图 $\ln[\sinh(0.0112\sigma_P)]-\ln\dot{\varepsilon}$，如图2-10所示，可以由该拟合直线的斜率求得 $n=16.52$。

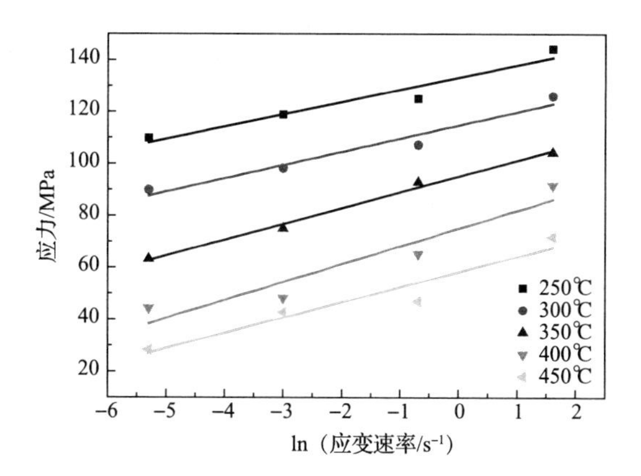

图2-9　镁合金 $\sigma_P-\ln\dot{\varepsilon}$ 曲线

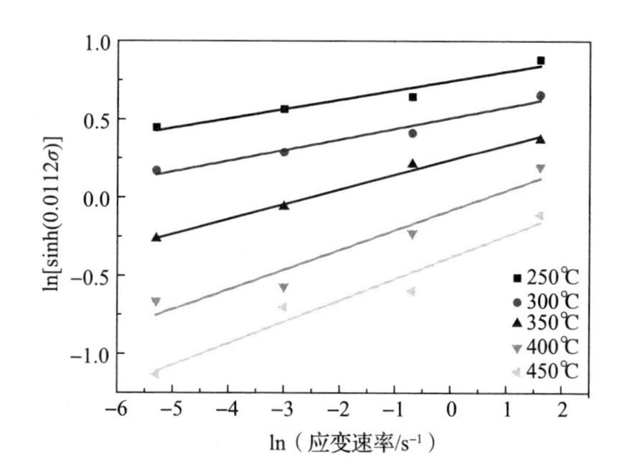

图2-10　镁合金 $\ln[\sinh(0.0112\sigma_P)]-\ln\dot{\varepsilon}$ 关系曲线

作拟合直线图 $\ln[\sinh(0.0112\sigma_P)]-1/T$，如图2-11所示，则拟合直线的斜率就是 Q/nR 的值，得到 $Q/nR=2350.64$。

将 R 和 n 代入即可求出变形激活能 $Q=327852\text{J/mol}$。

由式（2-16）变换形式可以得到：

$$\ln A=\ln\dot{\varepsilon}+\frac{Q}{RT}-n\ln[\sinh(\alpha\sigma)] \tag{2-17}$$

将以上所求结果代入式（2-17）可得到 $A=2.21\times10^{15}$。

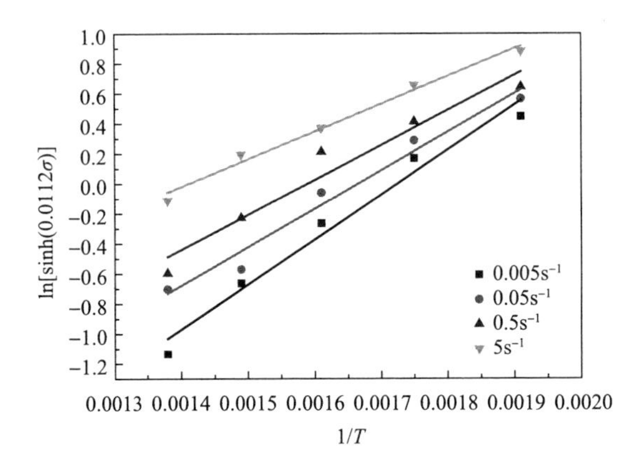

图 2-11 镁合金 $\ln[\sinh(0.0112\sigma_P)]-1/T$ 关系曲线

将所有求得的参数代入式（2-8）就可以得到 AZ31B 镁合金热变形本构方程：

$$\dot{\varepsilon}=2.21\times10^{15}[\sinh(0.0112\sigma)]^{16.52}\exp\left(-\frac{327852}{RT}\right) \tag{2-18}$$

综合以上结果可以得到 AZ31B 镁合金热变形本构方程为：

（1）当 $\alpha\sigma<1$ 时：

$$\dot{\varepsilon}=2.21\times10^{15}[\sinh(0.0112\sigma)]^{16.52}\exp\left(-\frac{327852}{RT}\right)$$

（2）当 $\alpha\sigma>1$ 时：

$$\dot{\varepsilon}=1.105\times10^{15}\exp\left(0.0112\sigma-\frac{327852}{RT}\right)$$

（3）当 $\alpha\sigma$ 取任意值时：

$$\dot{\varepsilon}=2.21\times10^{15}[\sinh(0.0112\sigma)]^{16.52}\exp\left(-\frac{327852}{RT}\right)$$

2.4.2 变形抗力数学模型

1. 变形抗力影响因素

热变形过程中的温度、变形量、变形速度以及相关的微观组织变化都将影响金属的变形抗力大小。此外，对于多道次变形，变形抗力还与相邻加工道次间的时间间隔有关。可用如下关系函数表示以上影响因素对金属塑性变形抗力的影响：

$$\sigma = f(\varepsilon, \dot{\varepsilon}, T, x, t) \tag{2-19}$$

式中，ε 是变形程度；$\dot{\varepsilon}$ 是变形速率（s^{-1}）；T 是变形温度（K）；t 是道次间隔时间（s）；x 是材料的其他影响因素参数。

多年来经过一代又一代科技工作者的研究，已经提出了在不同状态下的适用于多个钢种的变形抗力数学模型。由于影响变形抗力的因素很多，造成建立考虑所有影响因素的变形抗力数学模型几乎无法完成，因此，学者们分别建立了考虑某些主要影响因素的多种形式的变形抗力数学模型。目前使用较为广泛的变形抗力数学模型有：

（1）美坂佳助模型　美坂佳助利用落锤式模拟试验机对含碳量 0.05% ~ 1.16%（质量分数）的钢种在 750 ~ 1200℃、应变速率 30 ~ 200 s^{-1}、应变 0.1 ~ 0.5 的变形条件下测定了其变形抗力。对变形抗力值与各影响因素间的变化关系进行了分析综合，建立了相关的数学模型：

$$\sigma = \exp\left(0.126 - 1.75C + 0.594C^2 + \frac{2851 + 2968C - 1120C^2}{T_K}\right)\dot{\varepsilon}^{0.13}\varepsilon^{0.21} \tag{2-20}$$

式中，C 为含碳量（%，质量分数）；T_K 是变形温度（K）；$\dot{\varepsilon}$ 是应变速率（s^{-1}）；ε 是应变。

（2）志田茂模型　志田茂利用凸轮式高速形变机对含碳量 0.01% ~ 1.16%（质量分数）的 8 个钢种在 700℃ ~ 1200℃、应变速率 0.1 ~ 100 s^{-1}、应变 0.7 的变形条件下测定了其变形抗力。针对变形温度内材料相变导致应力应变异常的特性，在温度临界点 t_d 前后分别建立了材料的变形抗力模型：

$$t_d = 950\frac{C + 0.41}{C + 0.32} \tag{2-21}$$

当 $T \geqslant t_d$ 时，

$$\sigma_s = 9.8 \times 0.28\exp\left(\frac{5.0}{T} - \frac{0.01}{C + 0.05}\right)\left(\frac{\dot{\varepsilon}}{10}\right)^m f \tag{2-22}$$

当 $T<t_d$ 时，

$$\sigma_s = 9.8 \times 0.28 g\exp\left(\frac{5.0}{T} - \frac{0.01}{C+0.05}\right)\left(\frac{\dot{\varepsilon}}{10}\right)^m f \tag{2-23}$$

式中：$g = 30(C+0.9)\left(T-0.95\frac{C+0.49}{C+0.42}\right)^2 + \frac{C+0.06}{C+0.09}$；$T = \frac{t+273}{1000}$；

$f=1.3\left(\frac{\varepsilon}{0.2}\right)^n-0.3\left(\frac{\varepsilon}{0.2}\right)$；$n=0.41-0.07C$

当 $T\geqslant t_d$ 时，$m=(0.019C+0.126)T+(0.075C-0.05)$；

当 $T<t_d$ 时，$m=(0.081C-0.154)T+(0.019C+0.207)+\frac{0.027}{C+0.32}$。

t 是轧制温度（℃）；C 是含碳量（质量分数，%）。

（3）井上胜郎模型　井上胜郎采用拉伸试验法对 15 种不同含碳量的钢种的变形抗力进行了研究，试验在落锤式拉伸机上进行，根据变形抗力与各影响因素的关系建立了拟合精度较高的适合于各钢种的变形抗力数学模型：

$$\sigma = A\varepsilon^m\dot{\varepsilon}^n\exp(B/T_K) \tag{2-24}$$

式中，m、n、A、B 是与材料有关的常数。

（4）周纪华、管克智模型　北京科技大学的周纪华和管克智教授自行设计了凸轮式高速形变试验机，利用此试验机对多个钢种进行了热压缩实验。在变形温度 850 ~ 1150℃、应变速率 5 ~ 100 s^{-1}、最大应变 0.69 的条件下对不同钢种的变形抗力进行了研究，建立了适用于计算机在线控制要求的变形抗力数学模型。利用实验数据按照该变形抗力数学模型进行非线性拟合，得到了不同钢种的系数。

$$\sigma = \exp(a_1 + a_2T)\dot{\varepsilon}^{(a_3+a_4T)}\left[a_5\varepsilon^{a_6} - (a_5-1)\varepsilon\right] \tag{2-25}$$

式中，T 是变形温度（K）；$\dot{\varepsilon}$ 是应变速率（s^{-1}）；ε 是应变；a_1、a_2、a_3、a_4、a_5 是与钢种有关的常数。

2. 变形温度对 AZ31B 镁合金变形抗力的影响

AZ31B 镁合金变形抗力随着温度的变化如图 2-12 所示。在变形速度和变形量一定的条件下，AZ31B 镁合金的变形抗力随着变形温度的升高而减小。镁合金热变形过程是加工硬化与动态再结晶软化互相竞争的过程。温度越高，变形速度越小，软化过程效果越显著。温度的升高可以大大增加原子动能，原子热振动越剧烈，金属变得越活跃。此时金属内部滑移阻力逐渐减小，新的滑移不断产生，使变形中受到的阻力降低。另外，温度的升高将导致材料变形激活能大大降低，金属内部储存的能量大大提高，动态再结晶软化将更容易进行。变形抗力将表现为减小趋势。

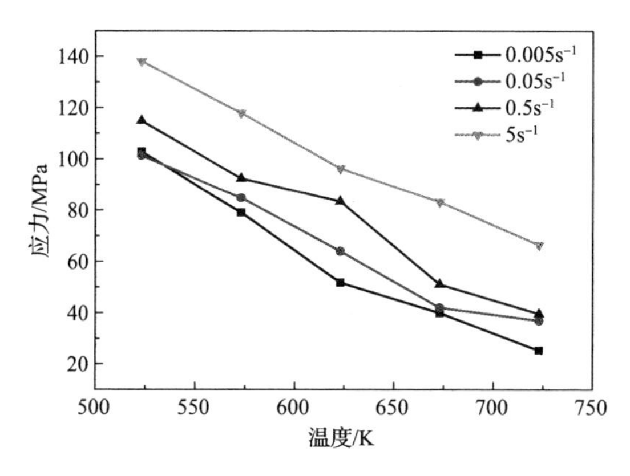

图 2-12　AZ31B 变形抗力与变形温度的关系图

3. 变形速度对 AZ31B 镁合金变形抗力的影响

AZ31B 镁合金变形抗力与应变速率的关系如图 2-13 所示。变形抗力随着变形速度的加大而表现为增大的趋势，应变速率在较低水平时（如 $0.5s^{-1}$ 以下），变形抗力随着变形速度的增大呈现急剧增大，当应变速率处于较高水平时变形抗力的增长较为平缓。这是因为应变速率越高，变形过程所需时间越短，动态再结晶产生的软化程度越低。另一方面，较高的变形速度使金属内部产生的大量热量无法快速散失，促使了材料软化的发生。两种原因共同导致了变形抗力的增大。另外由图 2-13 可以看出，应变速率在较高水平时变形抗力增加的幅度开始减小，意味着应变速率的继续增大将不会造成变形抗力的大幅度增大。而当应变速率在较低的水平时，变形速度的增大对变形抗力的增大具有较大的影响。因此，可以看出 AZ31B 镁合金热变形抗力对变形速度敏感，在表征其变形抗力时应该对变形速度进行考虑。同时，变形抗力对于轧制生产中轧制速度与压下量的控制也具有重要的影响，由于镁合金板带在轧制生产中易产生裂纹，且轧制应变速率往往较小，此时变形速度对变形抗力的影响较

大，因此，应该对轧制速度和压下量进行严格控制。

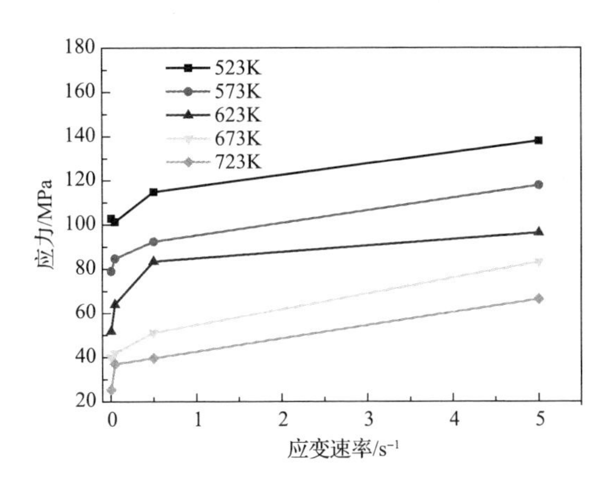

图 2-13　AZ31B 变形抗力与应变速率的关系图

4. 变形程度对 AZ31B 镁合金变形抗力的影响

AZ31B 镁合金变形程度与变形抗力的关系如图 2-14 所示。可以看出 AZ31B 镁合金热变形抗力数学模型属于典型的再结晶型，即变形过程中的软化主要是由于动态再结晶引起。在较低应变量条件下，变形抗力随变形程度的增大而迅速增大，增长速度逐渐减小。当应变达到峰值以后变形抗力开始随着应变的增大而减小，最后将趋于稳定。原因在于，变形初期，加工硬化是金属内部发生的主要变化，当应变达到峰值后加工硬化与动态再结晶软化达到平衡，之后动态再结晶软化开始占主导地位并逐渐趋于稳定。这也是镁合金的热变形抗力数学模型不能使用钢铁的变形抗力模型的原因。

5. AZ31B 镁合金变形抗力模型的构建

经过多年的研究，国内外学者已提出多种变形抗力模型。然而由于镁合金具有明显的应变软化特征，部分已提出的变形抗力数学模型无法准确表征镁合金应力应变特征。本文选取目前使用最为广泛的周纪华变形抗力模型作为 AZ31B 镁合金材料的变形抗力模型：

$$\sigma = \exp(a_1 + a_2 T)\dot{\varepsilon}^{(a_3 + a_4 T)}[a_5 \varepsilon^{a_6} - (a_5 - 1)\varepsilon] \tag{2-26}$$

式中，ε 是变形程度；$\dot{\varepsilon}$ 是变形速率（s^{-1}）；T 是变形温度（K）；a_1、a_2、a_3、a_4、a_5 是与材料有关的待确定常数。

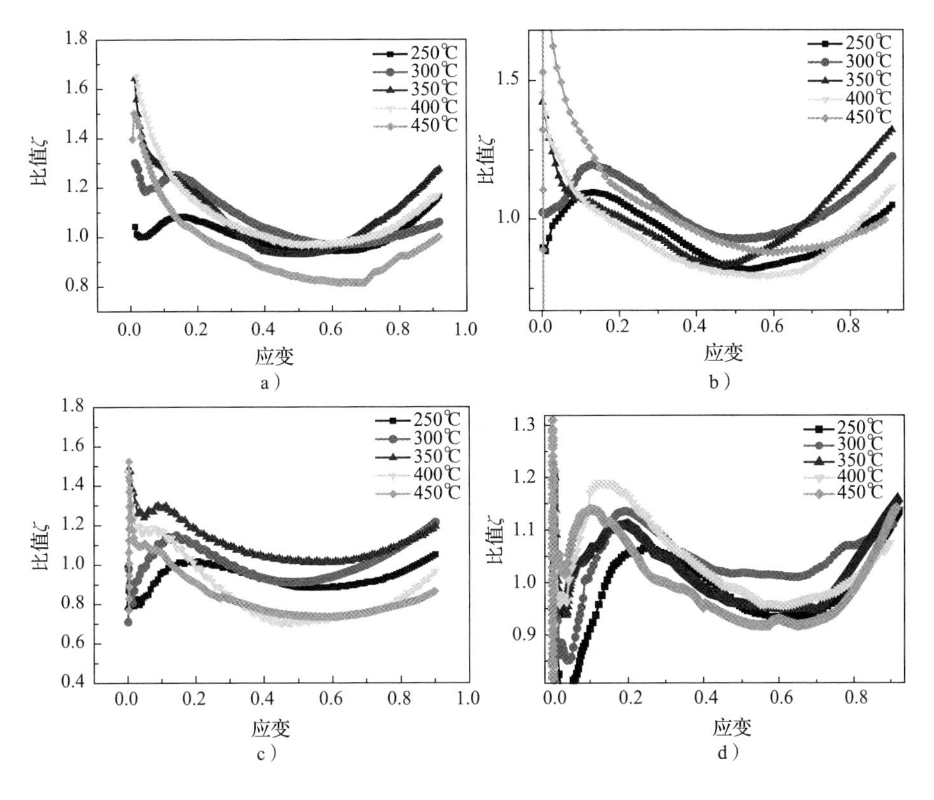

图 2-14　AZ31B 不同应变速率下 ζ 与应变量的关系图

a) $\dot{\varepsilon}=0.005\ s^{-1}$　b) $\dot{\varepsilon}=0.05\ s^{-1}$　c) $\dot{\varepsilon}=0.5\ s^{-1}$　d) $\dot{\varepsilon}=5\ s^{-1}$

基于高温压缩真应力－真应变数据，按该式利用最小二乘法进行非线性拟合，结果为:

$$\sigma = \exp(6.5778 - 4.1367T)\dot{\varepsilon}^{(0.4440-0.1960T)}[0.3590\varepsilon^{3.6108} - 0.6410\varepsilon] \tag{2-27}$$

该模型的拟合相关系数为 0.93，平均相对误差为 14.3%。

取实验值与计算值比值 $\xi = \sigma_{实验值}/\sigma_{计算值}$，不同应变速率下 ξ 与应变量的关系如图 2-14 所示。

由图 2-14 可以看出应变速率对比值 ζ 的影响不大，忽略前面微小因变量部分可以看出比值 ζ 与因变量大致呈二次多项式关系，由此可提出如下适用于 AZ31B 镁合金的改进的周纪华变形抗力数学模型:

$$\sigma = \exp(a_1 + a_2 T)\dot{\varepsilon}^{(a_3+a_4 T)}[a_5\varepsilon^{a_6} - (a_6 - 1)\varepsilon](a_7 + a_8\varepsilon + a_9\varepsilon^2) \tag{2-28}$$

同样采用最小二乘法利用高温压缩应力应变数据按该式改进的变形抗力数学模型形式进行非线性拟合，结果如下：

$$\sigma = \exp(4.3336 - 4.0319T)\dot{\varepsilon}^{(0.4680-0.2116T)}[0.4712\varepsilon^{1.6104} - (0.4712 - 1)\varepsilon](30.2768 - 44.3777\varepsilon + 26.1280\varepsilon^2) \tag{2-29}$$

该模型的拟合相关系数为0.96，平均相对误差为7.8%。

利用该变形抗力数学模型计算各温度和应变速率条件下的变形抗力值，模型计算值与实验值对比如图2-15所示，可见该改进的变形抗力模型具有较高的预测精度。

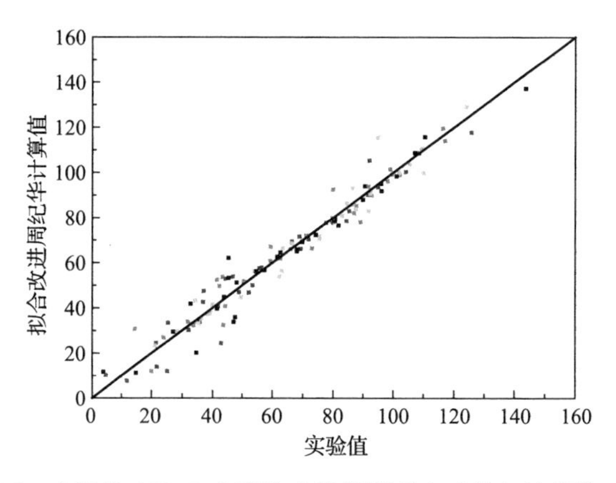

图2-15　改进的AZ31B变形抗力数学模型实验值与计算值对比图

2.5　AZ31B镁合金双道次压缩过程软化行为研究

镁合金在室温下滑移系少，成形困难，故通常采用热成形。在工业生产中，大多数金属往往无法通过一次加工成形。在连轧生产中，一次开坯经过多机架轧制后就可得到成品，由于其较高的生产效率而被广泛应用。在连轧过程中，变形道次间不可避免地存在一定的时间间隔。在此期间金属内部微观组织往往会发生部分软化行为，表现为流变应力减小，这对材料的性能具有至关重要的作用。目前针对钢铁及部分非铁金属的双道次软化行为及轧制应变残留已有大量的研究，然而对于镁合金的研究却鲜见报道。本章内容是作者在 Gleeble3500 热/力模拟试验机上对挤压态 AZ31B 镁合金进行的等温双道次平面应变压缩实验，以此研究不同工艺参数对 AZ31B 镁合金两道次热轧变形过程中静态软化和应变残留的影响，可为 AZ31B 镁合金轧制生产工艺参数设置提供理论基础。

2.5.1　AZ31B 镁合金静态软化特性

本文采用力学软化法来定量研究不同工艺参数对 AZ31B 镁合金等温双道次压缩软化率的影响规律。定义软化率 S 为：

$$S = \frac{\sigma_m - \sigma_2}{\sigma_m - \sigma_1} \tag{2-30}$$

式中，σ_m 是首道次应变达到最大时对应的应力值；σ_1 和 σ_2 分别是首道次和后续道次对应的屈服应力。其中屈服应力的计算采用应变偏移 0.02 处的流变应力。当 $S=0$ 时表示道次停歇之间金属内部无相关的软化行为出现，$S=1$ 时表示道次停歇之间发生了完全的回复和再结晶，应变残留得以完全消除，$0<S<1$ 时表示道次停歇之间发生了部分软化，应变残留未完全消除。

（1）不同道次停歇时间

不同道次间隔时间应力－应变曲线如图 2-16 所示，同时按照式（2-30）计算不同道次间隔时间下 AZ31B 镁合金材料的软化率，其关系如图 2-17 所示，可知道次间软化率随着间隔时间的增加而增加。在停歇初期，道次软化率随着停歇时间的增加而迅速增大。停歇时间为 15 s 时，软化率达到 50.57%，随后随着时间的延长而缓慢增加；停歇时间为 30 s 时，软化率达到 60.14%，较前 15 s 仅增加 9.57%；之后随着停歇时间的延长，软化率增加更为缓慢。

多道次热轧变形过程是金属内部加工硬化与再结晶软化互相竞争互相影响的结果，由于动态再结晶过程无法将畸变形变储能完全消除，因此造成材料组织的不稳定。在道次停歇期间残留的形变储能将促使静态回复和再结晶的发生，材料发生静态软化。

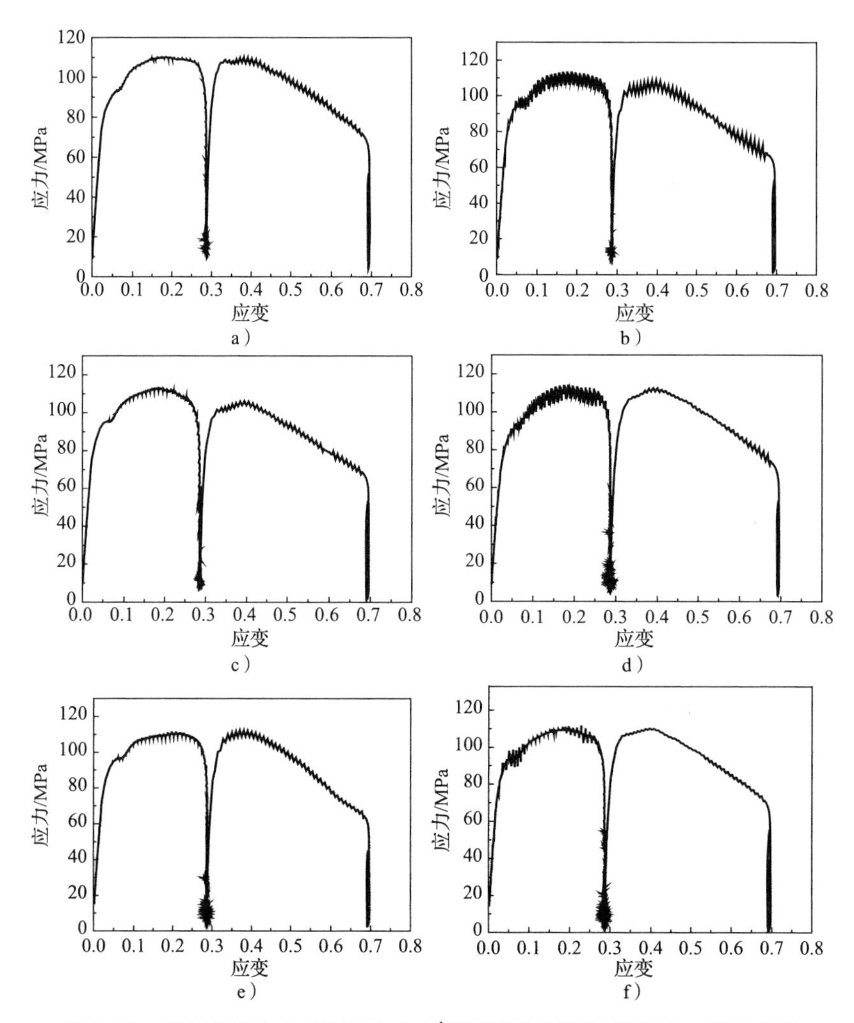

图 2-16　AZ31B 镁合金 350℃/0.5 s^{-1} 不同道次间隔时间应力 - 应变曲线

a）$t=15$ s　b）$t=30$ s　c）$t=60$ s　d）$t=120$ s　e）$t=180$ s　f）$t=240$ s

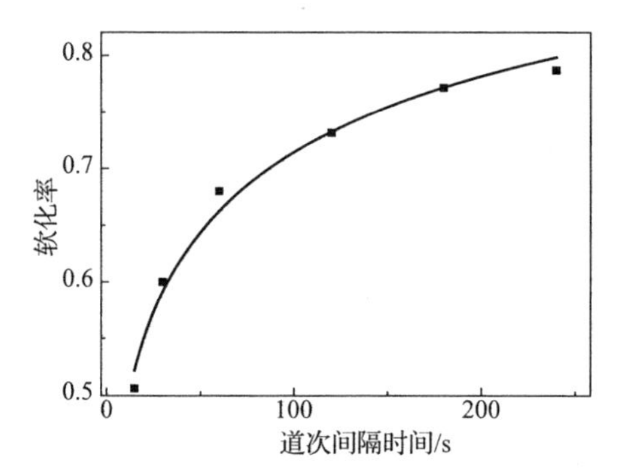

图 2-17　AZ31B 不同道次间隔时间下的软化率

（2）不同变形温度

应变速率 0. 5 s^{-1}、道次间隔时间 30 s，变形温度 250 ~ 450℃下的应力应变曲线如图 2-18 所示。按照式（2-29）计算不同温度下材料的软化率如图 2-19 所示。图 2-18 中 250℃和 300℃第二道次压缩时试样均出现了不同程度的开裂，致使应力应变曲线迅速下降。第二道次应力相对第一道次均出现了不同程度的降低，这是由于道次停歇期间材料发生不同程度软化的结果。由图 2-19 可以看出随着变形温度的升高 AZ31B 镁合金材料道次间软化率呈上升趋势，这是由于随着温度的升高，材料内部原子内能增大，位错移动遇到的阻碍变小，回复和再结晶等静态软化行为更易进行。因此，在较高温度下材料能够在较短的时间内得到足够高的软化率。

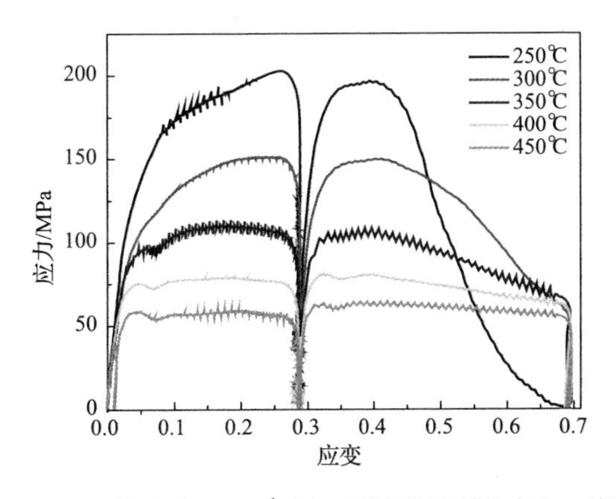

图 2-18　AZ31B 镁合金 0. 5s^{-1}/30 s 不同温度下的应力 - 应变曲线

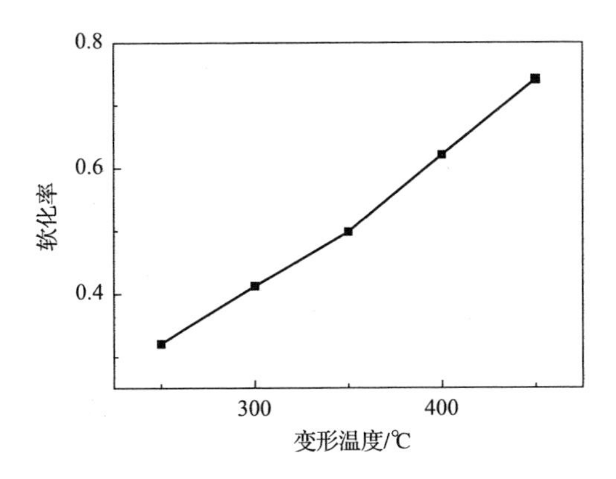

图 2-19　AZ31B 不同温度下的软化率

（3）不同应变速率

变形温度350℃，道次间隔时间30 s，不同应变速率下的应力－应变曲线如图2-20所示。按照式（2-29）计算的不同应变速率下材料的软化率如图2-21所示。由图2-21可知静态软化率随着首道次变形速率的增大而增大，这是由于第一道次变形速率越大材料内部晶格扭曲和畸变越严重，储存的能量越多，有利于道次停歇期间回复和再结晶的发生。另一方面，首道次变形速度越快，第一道次变形需要的时间越短，动态再结晶在较短的时间内消耗的能量相对较少，遗留到道次停歇期间的能量越多，更有利于静态软化的发生。

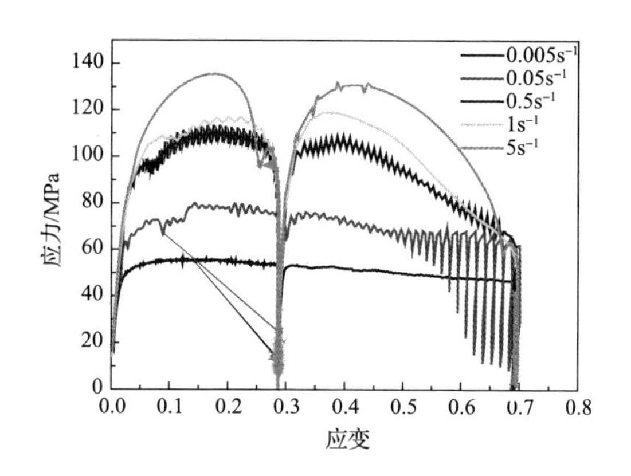

图2-20　AZ31B不同应变速率下的应力－应变曲线

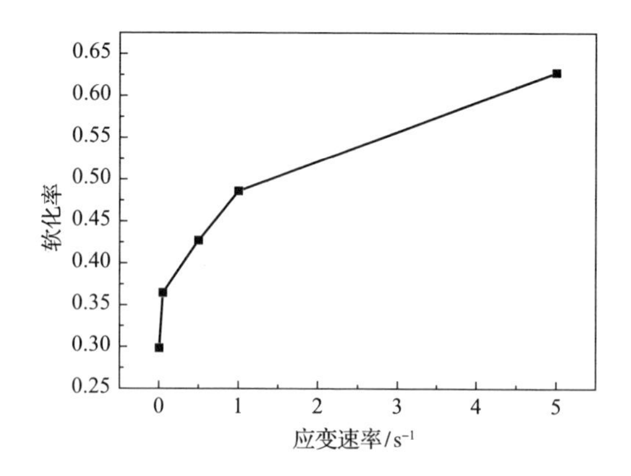

图2-21　AZ31B不同应变速率下的软化率

2.5.2　AZ31B镁合金静态软化率数学模型的建立

多道次变形道次停歇之间的软化率 S 一般满足以下表达式：

$$S = 1 - \exp\left(-\left(\frac{t}{t_m}\right)^n\right) \tag{2-31}$$

式中，S 是软化率；t 是道次间停歇时间（s）；t_m 是时间常数；n 是与材料有关的常数。

考虑到变形温度和应变速率对时间常数的影响较大，t_m 满足的表达式为：

$$t_m = a\dot{\varepsilon}^{-b}\exp\left(\frac{c}{T}\right) \tag{2-32}$$

式中，$\dot{\varepsilon}$ 是应变速率（s^{-1}）；T 是变形温度（K）；a、b、c 是常数。

对相同温度、相同应变速率、不同道次间隔时间的软化率按照式（2-32）进行非线性拟合，如图2-22所示。

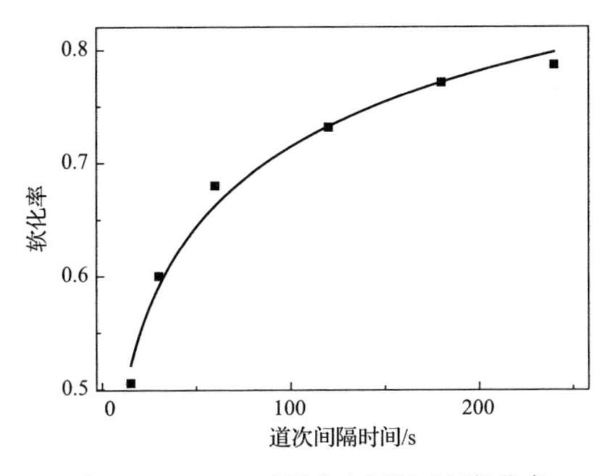

图2-22　AZ31B不同道次间隔时间软化率

得到：

$$S = 1 - \exp\left(-\left(\frac{t}{44.67789}\right)^{0.2798}\right) \tag{2-33}$$

可知温度350℃，应变速率0.5 s^{-1}时的时间常数为 $t_m = 44.67789$。

通过式（2-33）计算道次停歇时间30 s，不同应变速率下的时间常数见表2-2。

表 2-2 道次停歇时间 30 s，不同应变速率下的时间常数

应变速率/s^{-1}	间隔时间/s	软化率（%）	时间常数
0.005	30	29.82	1225.8886
0.05	30	36.47	506.0692
0.5	30	42.71	242.8691
1	30	48.60	128.6092
5	30	62.77	31.3128

对式（2-32）两端求导

$$\ln t_m = -b\ln\dot{\varepsilon} + \frac{c}{T} + \ln a \tag{2-34}$$

可知 $\ln t_m$ 与 $\ln\dot{\varepsilon}$ 成线性关系（图 2-23），通过线性拟合得到 $b=0.4982$。

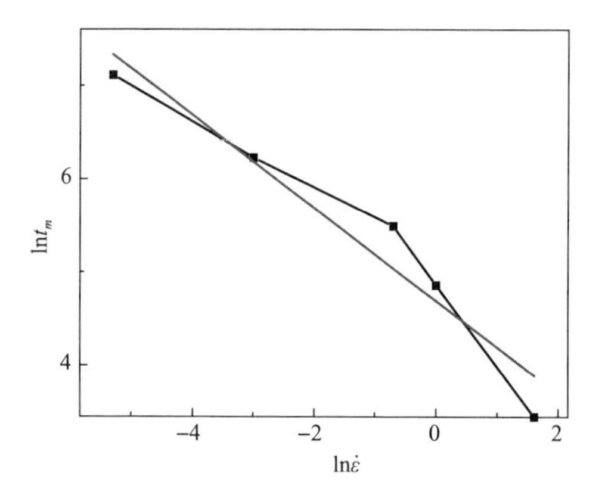

图 2-23 AZ31B 镁合金 $\ln t_m - \ln\dot{\varepsilon}$ 拟合曲线

由式（2-34）可知 $\ln t_m$ 与 $1/T$ 成线性关系（图 2-24），通过线性拟合得到：

$$c = 2440.3550; \quad a = 0.1022$$

由此求出了 AZ31B 镁合金软化数学模型的全部参数：

$$n = 0.2798; a = 0.1022; b = 0.4982; c = 2440.3550$$

得到 AZ31B 镁合金道次间软化率数学模型：

$$S = 1 - \exp\left(-\left(\frac{t}{t_m}\right)^{0.2798}\right) \tag{2-35}$$

$$t_m = 0.1022\dot{\varepsilon}^{-0.4982}\exp\left(\frac{2440.355}{T}\right) \tag{2-36}$$

将实验所得不同变形条件下软化率与模型的计算值进行对比，如图 2-25 所示。

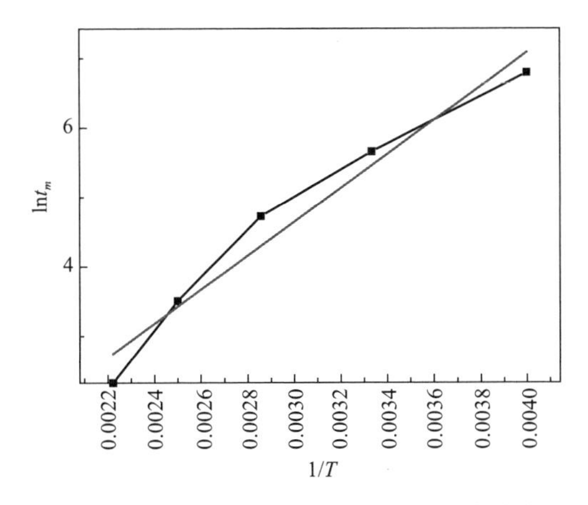

图 2-24　AZ31B 镁合金 $\ln t_m - 1/T$ 拟合曲线

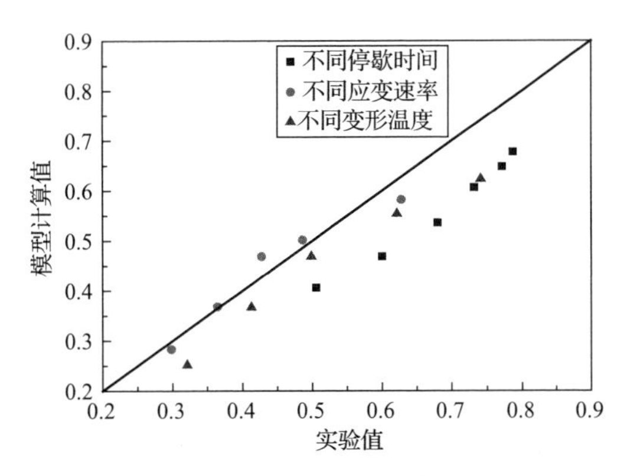

图 2-25　AZ31B 静态软化率计算值与实验值对比

2.5.3　AZ31B 镁合金双道次残余应变数学模型

前道次形变过程中再结晶软化充分进行，金属内部的能量被大量消耗，道次停歇时间内无足够的能量发生静态回复和再结晶，材料无法完全软化，同时也导致上一道次应变残余无法完全消除，残余应变将遗留到下一道次。根据残余应变的实质，可提出残余应变率的计算方法如下：

$$\lambda = 1 - S \tag{2-37}$$

由此可得残余应变数学模型为：

$$\lambda = \exp\left(- \left(\frac{t}{t_m} \right)^{0.27977} \right) \tag{2-38}$$

$$t_m = 0.102156\dot{\varepsilon}^{-0.49818}\exp\left(\frac{2440.355}{T} \right) \tag{2-39}$$

参考文献

[1] CARL M, KORZEKWA C, CERRETA ELLEN, et al. Comparison of the mechanical response high purity magnesium and AZ31 magnesium alloy [J]. Journal of The Minerals Metals &Materials Society (JOM), 2004 (56): 31-32.

[2] Koike J, Ohyama R, Kobayashi T, et al. Grain-boundary sliding in AZ31 magnesium alloys at room temperature to 523 K [J]. Materials Transactions, 2003, 44 (4): 445-451.

[3] 王庆. AZ31 镁合金热变形行为及加工图研究 [D]. 太原：太原科技大学，2014.

[4] 朱松鹤，戴兵，张梅，等. 含 Nb-Ti 低碳微合金钢双道次高温压缩软化行为 [J]. 材料热处理学报，2010 (10): 53-57.

[5] 赵蒙，李萍，薛克敏. TB8 钛合金双道次热变形过程软化行为的研究 [J]. 稀有金属与硬质合金，2013 (3): 32-35.

[6] 李方方. Hi-B 钢热变形过程再结晶热模拟研究 [D]. 武汉：武汉科技大学，2015.

[7] 董元. 稀土对高铌钢中铌析出和静态软化行为的影响 [D]. 包头：内蒙古科技大学，2015.

[8] 陈进泽. Al-5.5Cu-0.3Mg 合金多道次热压缩的模拟研究 [D]. 湘潭：湘潭大学，2011.

[9] 方彬，纪箴，田高峰，等. FGH96 合金双道次热变形及其热加工图 [J]. 工程科学学报，2015 (3): 336-344.

[10] 杨财水，罗许，康永林，等. Q345B 低锰钛微合金化钢的静态再结晶行为 [J]. 金属热处理，2015 (3): 30-33.

[11] 康煜华，刘义伦，何玉辉. 热轧 A36 钢静态再结晶动力学模型 [J]. 机械科学与技术，2011 (2): 275-278.

第3章　AZ31B镁合金热变形开裂行为及准则研究

为了更好地研究铸态 AZ31B 镁合金热变形过程中的开裂行为，为后续热变形开裂准则的建立提供理论依据，本章基于热压缩试样开裂样本和镁合金塑性变形机制，从样本宏观开裂方式和微观开裂机理两个角度，研究了镁合金热压缩过程应力、应变量、应变速率和变形温度等对开裂方式和开裂机理的影响。

3.1　实验材料和方法

实验材料、圆柱压缩试样几何尺寸以及试样取样过程都与 2.1.1 节所述内容相同。图 3-1 为铸态 AZ31B 镁合金实时压缩过程检测实验平台示意图，其中主压缩实验仍选用 Gleeble 热/力模拟试验机来完成。试验时，热模拟试验机门窗打开，便于高速摄影机观察记录，热模拟实验获得的数据实时传输并保存到桌面工作站。高速摄影部分主要由摄影机、数据线、互联网和便携式计算机等组成，配以专业摄影架固定摄影机，防止因摄影机抖动影响拍摄效果。考虑

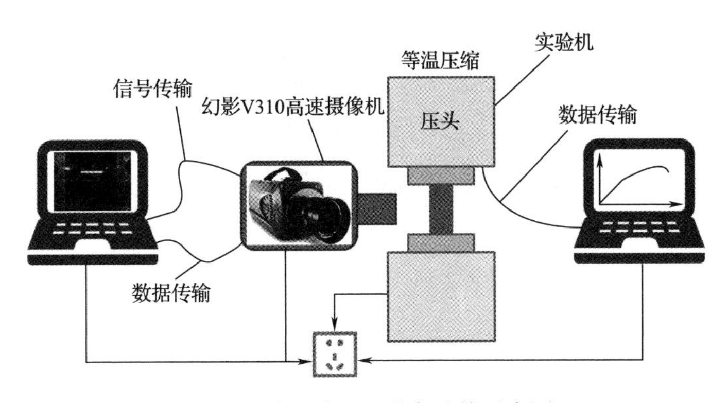

图 3-1　热压缩过程设备连接示意图

到存储设备及连续拍摄的要求，且不同速率变形过程所需拍摄时间从 0.0916 s 到 91.6 s 不等，本次试验拍摄频率取 1000 ~ 3000 帧/s，实验完成所需时间最长为 900 s，因此设置最长曝光时间为 1000 s。

根据各种工况需求，为使输出图像清晰，摄影机镜头应正对所拍摄物体，使其最大限度地接近所要拍摄的热模拟机窗口，并处于同一水平面，减少仰角和俯角，降低由拍摄不当带来的误差。拍摄过程中由于曝光时间较短，日常光源不能满足试验要求，加之照射到压缩仓内的光线少，因此，试验采用 LED 灯来补充光源，使进入镜头的光线充足。然后手动微调光圈，寻找拍摄的光圈、焦距、分辨率及光源等参数的最佳比例。记录的数据通过数据传输线传到便携式计算机中，通过互联网将摄影机记录的视频信号传递到便携式计算机上，以实时观察压缩试样并调整摄影机的曝光率、分辨率等相关参数，同时对相关参数随时进行调整，以获得最佳拍摄效果。

由于整体热压缩时间较短，需提前计算好压缩时间，充分考虑人的反应时间，在压缩开始前 1 ~ 2 s 打开高速摄影机，同时打开 LED 补光灯，直到变形过程完成，以拍到清晰完整的图像，相关设备连接示意如图 3-1 所示。拍摄结束后，通过 PCC 2.14 分析软件（图 3-2），可以对影像中试样表面开裂行为进行观察和分析。

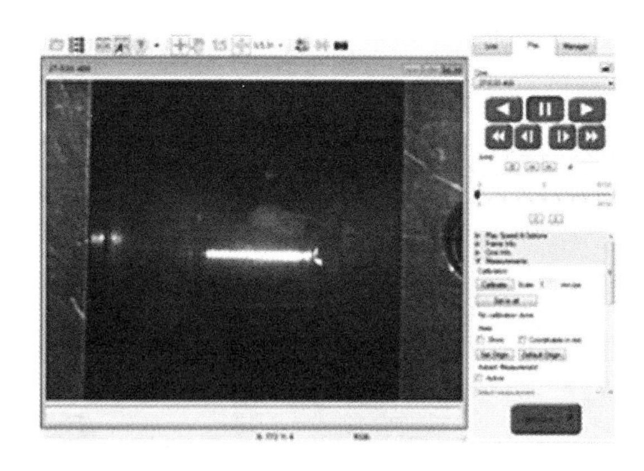

图 3-2 PCC 2.14 分析软件

使用热电偶焊机在热压缩试样中部焊接 K 形电偶丝，在电偶丝坡口部位涂抹高温水泥，以固定电偶丝，增加试验成功率。其次在试样的两端贴上钽片，防止试样出现卡死或磨损现象，并减小摩擦对被压缩试样应力状态的影响，便于试样均匀变形。然后将热模拟试验机的门窗打开，将压缩试样压到压头上，保证压缩试样上下轴线与侧面垂直，电偶丝的另一端与温控电偶连接。试验压缩最大变形量为60%，升温速度5℃/s，保温时间为3 min，变形后试样空冷至室温，试验加工工艺如图 3-3 所示。变形温度为 250℃、300℃、350℃、400℃、450℃，应变速率为$0.01\ s^{-1}$、$0.1\ s^{-1}$、$1\ s^{-1}$、$10\ s^{-1}$。

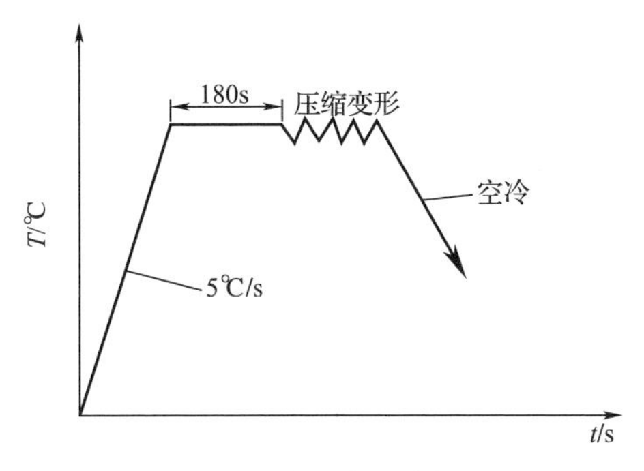

图 3-3　热压缩试验加工图

镁合金断口分析使用场发射扫描电子显微镜来完成。首先，将各变形状态下的热压缩开裂试样放到装有酒精的超声波振荡器中进行超声波清洗，除去粘贴在试样表面的污渍，然后通过场发射扫描电子显微镜观察并分析不同热变形条件下开裂试样的断口形貌。压缩试样金相分析使用智能数字金相显微镜来完成，详细的金相试样制备及腐蚀过程如下：

用线切割机将所有条件下取得的压缩试样从合适部位切开，镶嵌后，依次采用400#、800#、1000#、1200#、2000#的水砂纸对压缩后试样进行粗磨与细磨，然后再用氧化铝进行抛光。由于镁合金材质较软，用力过重会使抛光后试样残留大量的划痕，因此作者对镁合金抛光尝试了多种方法，最终选择了一种较为快速、效果良好的方法：将抛光布放置于一块较厚的光滑的磨边玻璃板上，其上铺一张用酒精沾湿的丝绒，涂上氧化铝后，在其上轻轻抛光，随时调整力度，最终得到表面光亮无划痕的试样。对于抛光后试样的腐蚀，由于试样需要腐蚀部位较小，因此本文采用滴管吸取腐蚀剂并滴到试样中心的方法来完成，腐蚀时间 15 s 左右（不同试样所需的时间不定，需要多次尝试），接着用蘸酒精的棉球将试样擦拭干净，并用吹风机吹干，其中腐蚀剂采用 5.5 g 苦味酸 +2 ml 乙酸 +90 ml 酒精 +10 ml 蒸馏水配成的混合液。

3.2 热变形开裂裂纹成因分析

3.2.1 力学分析

从力学行为上看，现有研究认为，金属材料产生裂纹的条件一般由下式给出：

$$\left.\begin{aligned}\sigma_{cr} &= F\left(\sigma_{ij}, \int \mathrm{d}\varepsilon_{ij}, \dot{\varepsilon}, T\right)\\ \tau_{cr} &= \phi\left(\sigma_{ij}, \int \mathrm{d}\varepsilon_{ij}, \dot{\varepsilon}, T\right)\end{aligned}\right\} \tag{3-1}$$

式中，σ_{ij}是应力状态；$\int \mathrm{d}\varepsilon_{ij}$ 是应变积累；$\dot{\varepsilon}$ 是应变速率（s^{-1}）；T 是变形温度（℃）；σ_{cr}是拉断极限应力（MPa）；τ_{cr}是切断极限应力（MPa）。由该式可知，金属在塑性成形过程中，应力应变状态、变形温度和应变速率等对其裂纹的产生起重要作用。外力作用下，金属内部任意一点的应力状态可以表示为切应力和正应力两个分应力，形成两种断裂方式：切断和正断，其中断裂面平行于最大切应力的是切断，垂直于最大正应力的是正断。现有理论认为，从应力状态角度来讲，金属最终呈现何种断裂方式主要由其所受正应力与切应力之比的大小来决定。

3.2.2 微观组织分析

从微观组织上看，金属材料内部的应力一部分是由施加外力引起的，另一部分是由材料内部不均匀的组织在塑性变形过程受阻形成应力集中所造成，该部分不均匀组织主要包括第二相粒子、大的晶粒细化、夹杂和孪晶等。压缩变形时，组织内晶粒的变形过程一般可以分为两个部分，一是晶粒本身的变形，二是晶粒之间的相对运动。晶粒本身内部原子的结合强度和晶粒与晶粒之间结合力的强弱决定了其塑性的好坏。如果晶粒间结合力远小于晶粒本身的强度，就容易形成沿晶断裂；如果晶粒间结合力大于晶粒本身的强度，易形成穿晶断裂，而且当塑性变形的变形量较大时，沿孪生区域（尤其是在压缩时）或沿大晶粒的基面易产生局部穿晶断裂。在金属材料中晶界处一般易堆积夹杂物、第二相、杂质等的缺陷，位错易在此处积塞，或者缺陷本身的强度较低，易分裂形成微观空洞和微裂纹，随着变形的进行，这些微空洞和微裂纹随外载荷的增加而长大、聚集，最终呈现明显的宏观裂纹或者与主裂纹连接，从而致使成形件损坏。因此，金属材料塑性变形过程中，从微观角度分析，裂纹一般发生在组织不均匀或带某些缺陷的材料中，通常可以分为以下两种情况：

（1）裂纹是由材料中组织缺陷的应力集中引起的：第二相或者夹杂物与晶界交界处易形成应力集中，在应力集中处材料的屈服强度容易提前达到，造成塑性变形，当其程度超过变形极限时，微裂纹便会形成。

（2）第二相或者夹杂物具有低强度和低塑性的特性，易引起破坏形成裂纹：晶界为低熔点物质，第二相或者夹杂物（碳化物、氧化物等）固存于晶界中，其韧性强度低于基体相，第二相和非金属夹杂物同基体之间性能差异巨大，易形成微裂纹。

3.3　AZ31B 镁合金热压缩宏观开裂方式

图 3-4 是铸态 AZ31B 镁合金在 250～450℃时热压缩的宏观开裂形貌，统

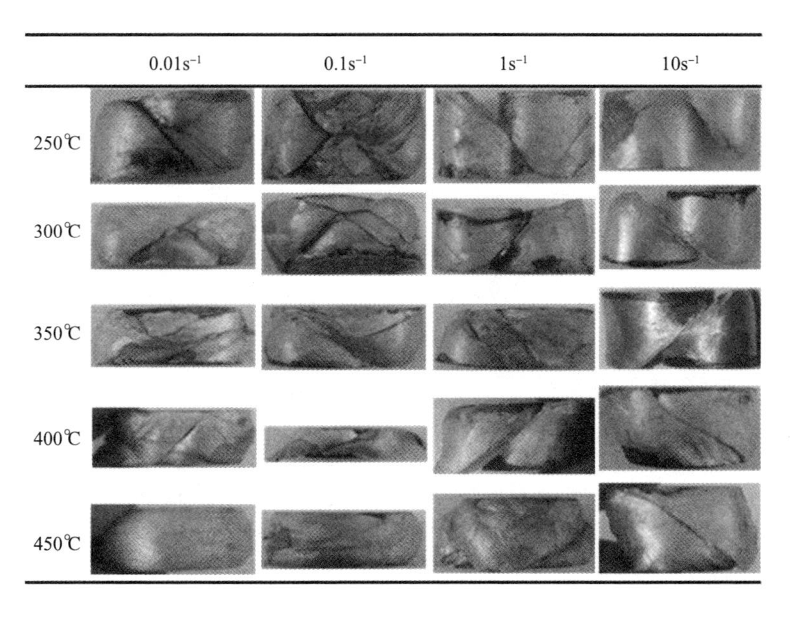

图 3-4　铸态 AZ31B 镁合金在不同热压缩变形条件下的宏观开裂形貌

计结果见表 3-1。不难发现，镁合金热压缩变形开裂的主要方式是 45°剪切开裂，这是因为镁合金的抗剪强度极限较低，单轴压缩应力状态下，试样受与压缩轴线呈 45°方向的平面上最大切应力的影响最大，实验过程中试样最先在此平面上发生开裂。根据 3.2 节热变形分析可知，在所给热变形条件下，温度越高，应变速率越低，镁合金所体现的塑性越好，对镁合金热压缩表面宏观开裂方式的影响越大。分析上述开裂现象可以发现以下几个规律：

表 3-1　铸态 AZ31B 镁合金在不同热压缩变形条件下的宏观开裂方式统计

温度/℃ \ 开裂方式 \ 应变速率/s^{-1}	0.01	0.1	1	10
250	单向 45°	交叉 45°	单向 + 边部多层 45°	交叉 45°
300	交叉 45°	交叉 + 平行 45°	单向 45°	单向 45°
350	单向多层 45°	交叉 + 单向 45°	平行 45°	单向 45°
400	单向 45°	单向 45°	单向 45°	单向 45°
450	表面小裂口	表面扭曲	单向 45°	单向 45°

（1）试样主要沿与轴向呈 45°的平面进行裂纹扩展，可能出现的开裂方式主要为单向 45°、交叉 45°、平行 45°、混合 45°剪切开裂等四种；

（2）当变形温度较高（≥400℃）时，镁合金热压缩宏观开裂的主要方式是单向 45°剪切开裂，而且开裂方式不随应变速率的变化而变化，说明此时在镁合金塑性变形过程中变形温度在此条件下起关键作用；

（3）当变形条件为 300～450℃/10 s^{-1}/40% 时，试样全部为单向 45°开裂，而当变形温度为 250℃时，试样为交叉式 45°剪切开裂。据此可以发现，高应变速率和较小的变形量使得镁合金热压缩开裂方式主要是单向 45°剪切开裂，而降低温度可以使开裂方式由单向 45°剪切开裂转为交叉 45°剪切开裂；

（4）当变形条件为 250℃/60% 时，随着应变速率的升高，开裂方式由单向 45°剪切开裂（应变速率为 0.01 s^{-1}）转变为交叉 45°剪切开裂（应变速率为 0.1 s^{-1}），而当应变速率为 1 s^{-1}时，开裂方式为由单向和边部多层 45°组成的混合 45°剪切开裂。

因此，从宏观开裂方式的分析可以发现，在温度较低的情况下变形量和应变速率会影响镁合金最终的开裂方式，而且高温高应变速率有助于单向 45°开裂方式的形成。

3.4　AZ31B 镁合金热压缩微观失效分析

3.4.1　金相组织分析

由上节宏观开裂方式分析，镁合金热压缩试样表面主要呈现 45°剪切开裂，详细可分为单向 45°、交叉 45°、平行 45°、混合 45°剪切开裂，类似的现象在金相组织中也可以观测到，分别如图 3-5 和图 3-6 所示。

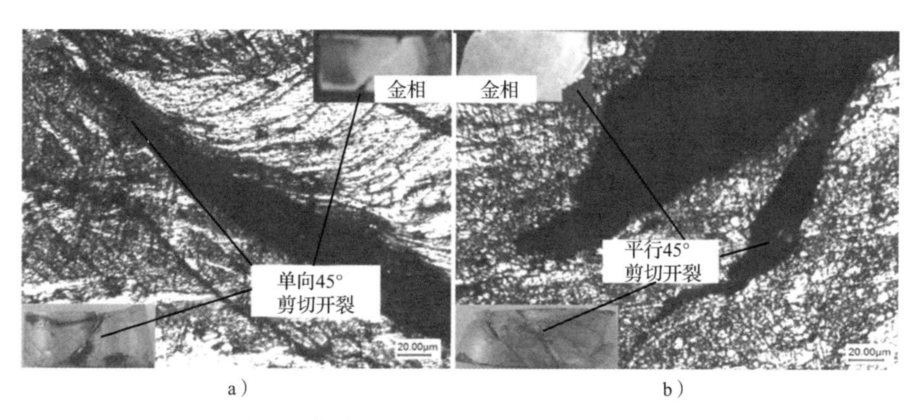

a)　　　　b)

图 3-5　镁合金热压缩不同开裂方式的金相图

a）单向 45°剪切开裂　b）平行 45°剪切开裂

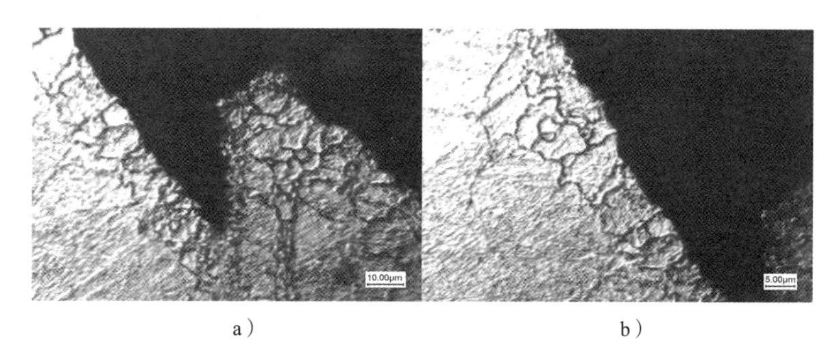

a)　　　　b)

图 3-6　镁合金在 300℃/1 s^{-1}/60% 变形条件下热压缩不同倍率显微组织

a）500X　b）800X

从图 3-5a 可以看出，试样在 300℃/1 s^{-1}/60% 变形条件下最终呈单向 45°

剪切开裂。由于本文镁合金经过长时间时效处理，晶粒尺寸较大，晶界较弱，新的细小晶粒易在晶界处形成。而当空洞形成的微裂纹扩展到晶界处时，在切应力的作用下，该微裂纹易沿着与压缩轴线呈45°的方向进行生长。并且从金相组织也可以观察到沿与压缩轴线呈45°方向的多裂纹发生区，裂纹易沿大晶粒的晶界往试样的内部扩张，表现出沿晶开裂形貌（图3-6），最终形成深度较深的单向45°剪切开裂。从图3-5b可以看出，试样在350℃/1 s^{-1}/60%变形条件下最终呈平行45°剪切开裂。高倍率的金相组织可以观察到，沿着与压缩轴线呈45°的方向呈平行45°开裂（图3-7a）。在放大500倍时可以清晰地观察到裂纹由试样表面萌生，由于初始变形温度较高，裂纹首先沿着结合力较弱的大晶粒的晶界向内扩展（图3-7b的箭头1）；当扩展到试样内部，裂纹会穿过部分再结晶的小晶粒，表现为穿晶开裂（图3-7c的箭头2）；最后，随着扩展能量的减小，当裂纹遇到较大的夹杂物未能越过而终止（图3-7d的箭头3）。

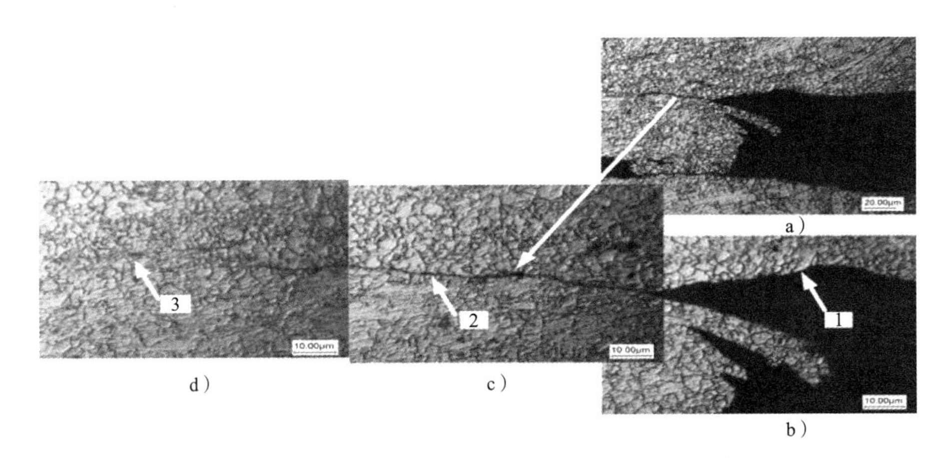

图3-7　镁合金在350℃/1 s^{-1}/60%变形条件下热压缩显微组织

然而，当变形条件为300℃/0.01 s^{-1}/60%时，随着变形速率的减小，镁合金动态再结晶明显，但组织内依然存在大变形晶粒，而且主裂纹的萌生及扩展主要发生在动态再结晶带上。随着变形的进行，镁合金内部不均匀的塑性成形，使得大晶粒和再结晶晶粒之间存在应力差，当该差值大于晶界间结合力或超过小晶粒本身的强度时，发生断裂现象，表现出沿晶断裂和穿晶断裂。由于此种现象发生在试样的角部，因此，裂纹沿着对称的45°剪切面扩展，形成交叉45°剪切开裂现象，结果如图3-8a所示。随着变形条件为250℃/1 s^{-1}/60%

时，变形温度降低，应变速率升高，试样表现较差的塑性，不利于镁合金热压缩的进行。表现为沿着压缩方向上部分布大量的大晶粒，下部分布大量明显的再结晶晶粒，试样表明萌生的微裂纹沿着两者的交界面进行扩展。当萌生的微裂纹分布在试样角部和中部时，最终形成混合 45°剪切开裂，结果如图 3-8b 所示。

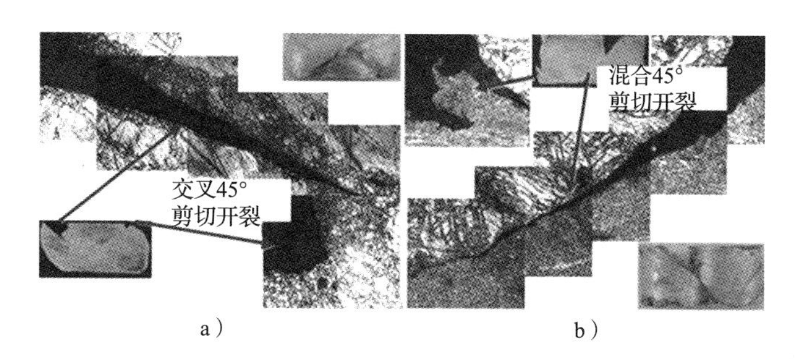

图 3-8　镁合金热压缩不同开裂方式的金相图
a）交叉 45°剪切开裂　b）混合 45°剪切开裂

3.4.2　断口分析

四种开裂方式的扫描电子显微镜观察试样微观断裂机制如图 3-9 所示。可

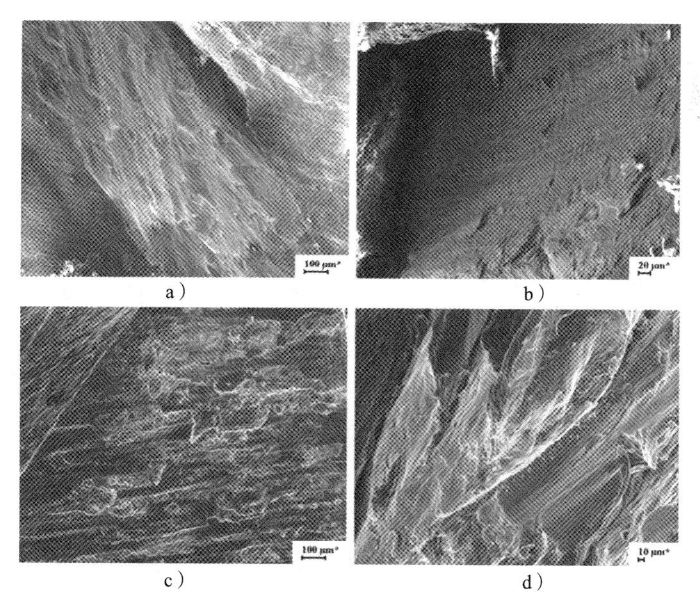

图 3-9　AZ31B 镁合金不同开裂方式的断口形貌
a）单向 45°剪切开裂　b）平行 45°剪切开裂　c）交叉 45°剪切开裂　d）混合 45°剪切开裂

以看出，断口形貌均存在小的台阶平面，整体分布平缓，被拉长的舌状花样和撕裂棱分布其中。可以知道，撕裂棱和舌状花样被拉长的方向与镁合金断裂方向一致，说明试样断裂发生和扩展中伴有一定的塑性变形，并且变形温度越低，应变速率越小，此种现象越明显。当变形温度为250℃、应变速率为1 s^{-1}时，断口表面分布起伏不平，表明塑性较差。

3.5 热变形参数对镁合金热变形损伤及开裂的影响

3.5.1 变形温度对损伤及开裂的影响

图3-10为0.1 s^{-1}/60%条件不同变形温度下铸态AZ31B镁合金断裂表面形貌。当变形温度为250~450℃时，镁合金塑性随着温度的升高而增强，其塑性变形机制以扩散控制和位错攀移为主。由图3-10a可知，压缩破坏的断口SEM（扫描电镜实验）明显表现为剪切形成的破坏轮廓，是由解理产生的，解理裂纹在不同平面形核进行扩展；在相邻的平面上，解理裂纹前沿移动最终相遇，形成台阶（断裂时裂纹沿着一定的结晶学平面进行），台阶的直线轮廓方向就是剪切破坏方向。许多平坦小平面区域的微观形貌分布在图3-10a和图3-10b中，初步判断这些区域就是破坏前沿向抗力最小方向发展时破坏路径发生微小转折的区域，在这里聚集了大量的台阶形轮廓。而在正应力作用下，试样沿一定的解理平面分离形成解理裂纹，再依靠弹性应变能的释放，克服解理平面两边原子间的结合力而扩展，最终导致断裂，因而看到的断口表面比较光滑，呈现脆性断裂特征，为纯解理断裂。因此，250℃和300℃时断口主要表现为解理小台阶和解理面（图3-10a、b），台阶上分布着撕裂棱和舌状花样的解理断裂形貌。在切应力作用下，舌状花样被拉长，产生一定的塑性变形，最终开裂形式随着温度的升高由交叉45°开裂转为混合45°（交叉45°+单向45°）开裂形式。350℃时，试样断口形貌出现明显的氧化现象，随着温度升高为400℃，开始出现抛物线撕裂韧窝形貌（图3-10d），呈现剪切撕裂韧窝断口。当温度为450℃，镁合金塑性增强，在45°剪切力的作用下，规则平坦面受拉，导致断口呈现完整的沿与压缩轴线呈45°方向的抛物线韧窝形貌（图3-10e），开裂方式为单向45°剪切开裂。对450℃条件下的试样进行EDS分析（图3-11），

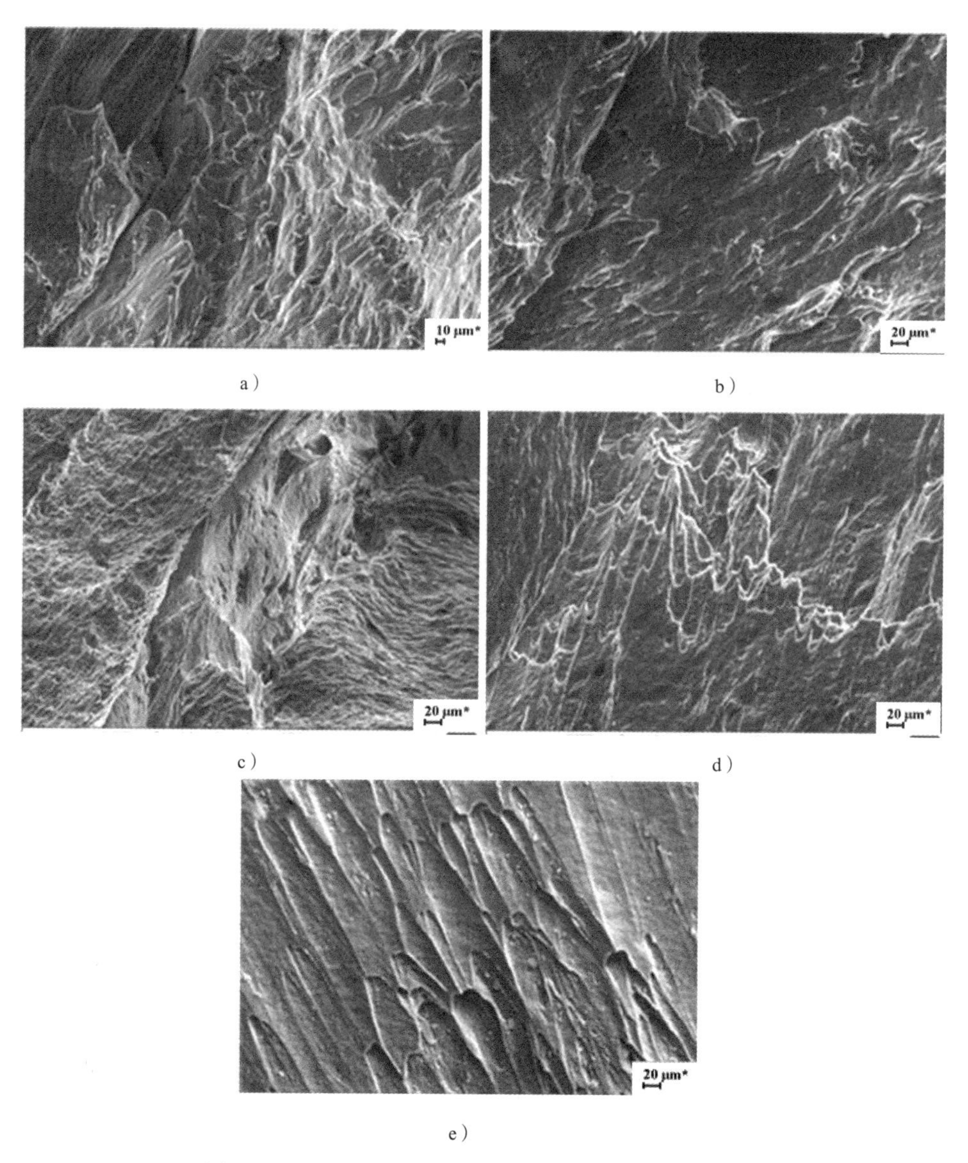

图 3-10　不同变形温度下铸态 AZ31B 镁合金断裂形貌
a）250℃　b）300℃　c）350℃　d）400℃　e）450℃

可以发现，断口形貌呈沿剪切方向拉伸的韧窝，表明镁合金塑性增强，而且韧窝处析出白色球状物（箭头 1），该物体 Mg-Si 两种元素占比较大（图 3-11a）；其他部位析出较大的白色椭圆状物（箭头 2），该物体（图 3-11c）Mg-Al-Mn 三种元素占比较大，具体化合物的确认还需进一步检测分析。

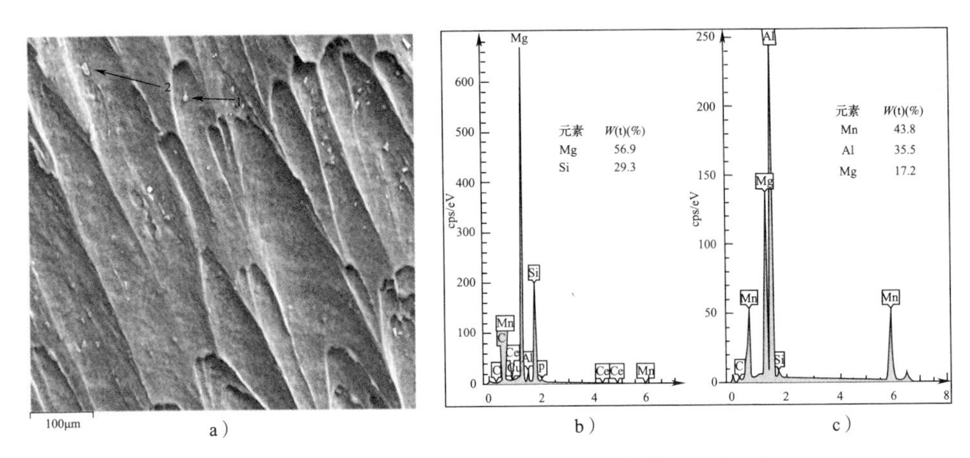

图 3-11　铸态 AZ31B 镁合金 450℃断口形貌 EDS 分析

3.5.2　应变速率对损伤及开裂的影响

图 3-12 所示为镁合金在变形温度 300℃最大变形量为 60% 的不同应变速率下铸态 AZ31B 镁合金断裂形貌。由图 3-12 分析知，低应变速率表现为韧、

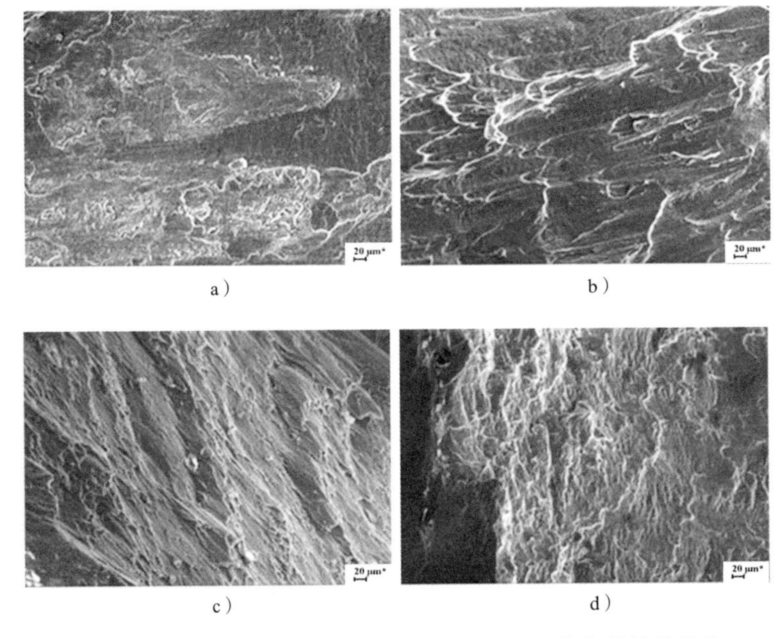

图 3-12　不同应变速率下铸态 AZ31B 镁合金压缩变形断裂形貌

a）$0.01\ s^{-1}$　b）$0.1\ s^{-1}$　c）$1\ s^{-1}$　d）$10\ s^{-1}$

脆混合的准解理断裂形貌，高应变速率表现为剪切断裂形貌，说明应变速率对镁合金的损伤及开裂同样具有较大的影响，同时变形过程中有无析出物对最终开裂方式影响很大，不同的应变速率热压缩最终呈现的开裂方式也不一样。其中应变速率为 0.01 s^{-1}呈交叉 45°剪切开裂，0.1 s^{-1}为混合 45°(交叉 45° + 平行 45°) 剪切开裂，断口表面有白色球状化合物析出，EDS 检测其成分中 Mg-Al-Mn 三种元素占比较大，如图 3-13 所示。1 s^{-1}和 10 s^{-1}全部为单向 45°剪切开裂，此时应变速率较大，断口表面无化合物析出，由下节高速摄影观察，此时应变量是影响其开裂方式形成的关键因素。

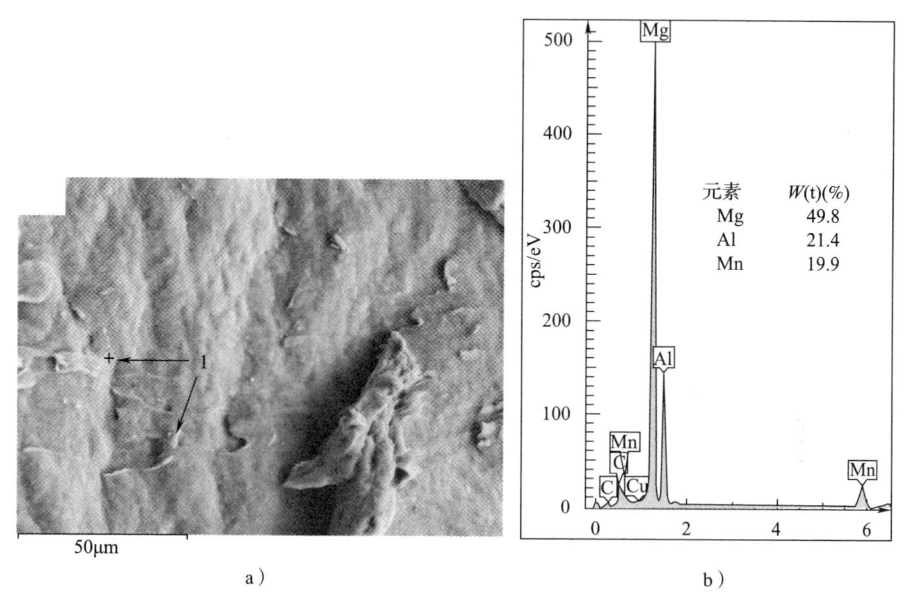

图 3-13 铸态 AZ31B 镁合金 300℃/0.1 s^{-1}变形条件下断口形貌 EDS 分析

3.6 AZ31B 镁合金热压缩开裂的高速摄影观察

3.6.1 镁合金热压缩临界开裂变形量测定与分析

图 3-14 为高速摄影机拍摄的镁合金试件在 0.01 s^{-1}/400℃变形条件下热压缩 60% 的表面裂纹发展过程。可以发现，经过摄影机相关参数的调整和对拍摄图像的饱和度、亮度等用技术手段处理后，图像显示更加清晰。试样开始变

形时（图3-14a），图像清晰地显示出试样横向中部有一条细长的明亮白线，而且经过调试发现，明亮白线越细，结果显示越清晰。随着变形量的增加（图3-14b），试样沿角部开始萌生微裂纹，微裂纹所在平面与压缩轴向呈45°。随着变形的继续（图3-14c、d），模糊的表面微裂纹长大加深，沿45°方向扩展逐渐清晰，而且程度逐渐加剧。当达到最大值60%时，试样形成完整的单向45°剪切开裂，与最终实验结果（图3-14e）一致。因此，可以将不同变形条件下所获得的每一帧图像进行分析处理，得到相应条件下的临界开裂变形量，分析处理方法如图3-15所示。

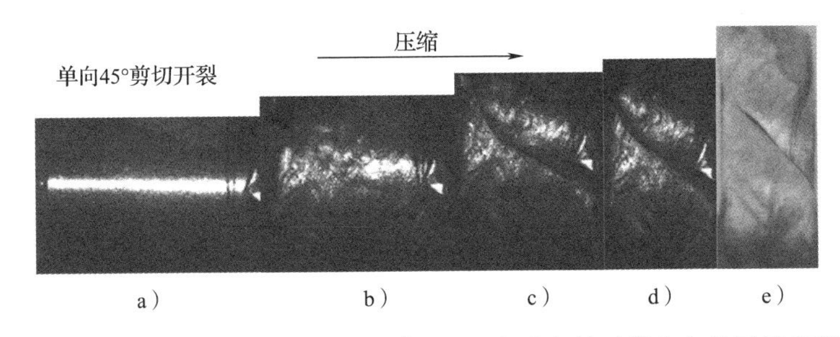

图3-14　高速摄影机拍摄到的0.01 s^{-1}/400℃变形条件下镁合金热压缩变形过程

本文所述临界开裂变形量的测定是采用高速摄影机所带图像处理软件PPC2.14处理拍摄图像而获得的。详细处理主要分为3步，选取变形条件为1 s^{-1}/250℃的试样进行分析：首先，为减少后续图像处理由单位不统一带来的误差，设置软件单位为国际单位制（S. I. Units），选定测量所用距离单位（Distance Unit）为毫米（Millimeters），如图3-15a所示；其次，设定标尺，以原始试样长度12 mm为参考，标定初始观察到的试样长度为12 mm，此时比例为：0.051 mm/pix，如图3-15b所示；最后，通过观察热压缩过程，找到开裂发生部位，截取该时刻图像，并对该图像选择“两点标定”（Distance & Angle & Speed：2points）进行标定，测得开裂处的长度为10.128 mm，如图3-15c所示，计算得到该条件下的临界开裂变形量为15.6%，进而得到临界开裂应变为0.1696。

由此得到了各种变形条件下的临界开裂变形量（表3-2），其中变形温度、应变速率和临界开裂变形量之间的关系如图3-16所示。不难看出，铸态AZ31B镁合金热压缩变形的临界开裂变形量取决于变形温度和应变速率，并且

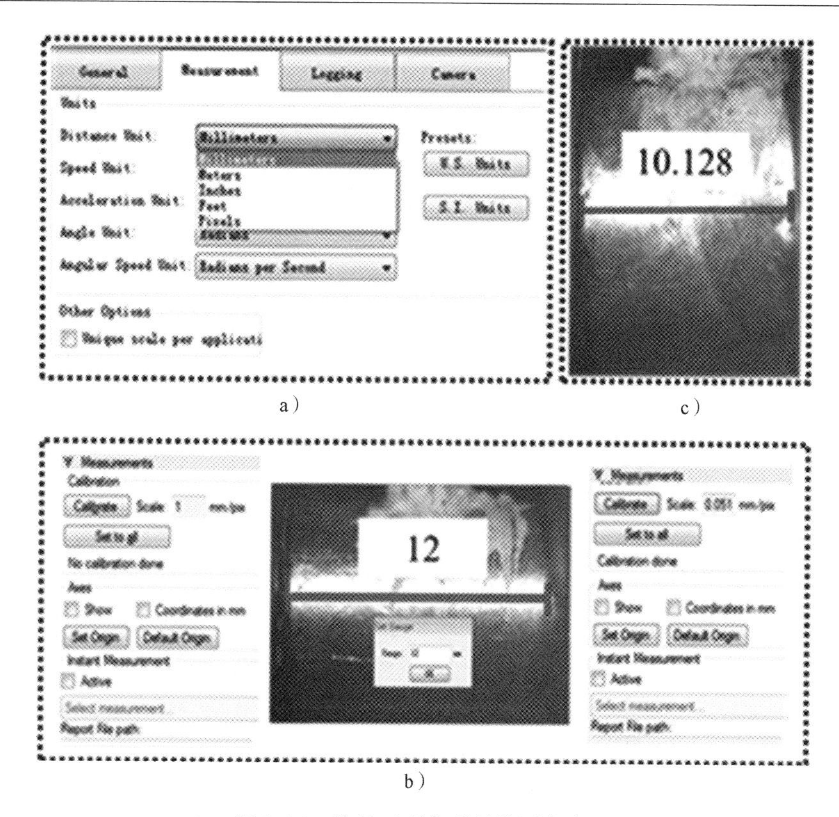

a）　c）

b）

图 3-15　临界开裂变形量的测定方法
a）第 1 步　b）第 2 步　c）第 3 步

随变形温度的升高和应变速率的降低而增大，同时由临界开裂变形量组成的断裂面将变形带划分为上下两个区域，分别为断裂区域和安全区域。此外，当变形条件为 0.01 s^{-1}/450℃时，临界开裂变形量最大，为 36.5833%，此时试样开裂不明显。变形条件为 10 s^{-1}/250℃ 时，临界开裂变形量的值最小，为 12.635%，此时开裂现象严重。然而，当应变速率大于 0.1 s^{-1}、变形温度低于 325℃时，临界开裂变形量开始迅速减小。一般认为，在低温（200℃）变形时，{0001}〈1120〉基面滑移是镁合金开裂主要的模式，较少的滑移系使得镁合金晶界处产生应力集中现象，镁合金容易开裂。随着温度升高到 400℃，镁合金内原子运动更加频繁，热激活起动的非基面滑移系使得位错运动更容易，而且再结晶形核概率和晶界的迁移能力得到加强，镁合金塑性增强，因此，此时不易发生开裂，临界开裂变形量增长缓慢。而临界开裂变形量整体是随着应变速率的增加而减小的，其减小幅度的差异规律性不明显。可能原因是应变速率通过引起变形体的温度变化来影响滑移和其他变形行为，而且高应变速率不利于镁合金内部正常的位错运动，致使晶界处容易出现应力集中，导致加工硬化现象，单纯的滑移和孪生不足以释放储存的变形能，因而萌生裂纹。随着变形的持续，裂纹以扩展的形式来协调形变并释放变形能，致使临界变形量较小并且随着应变速率的增加其减小速度缓慢。

表 3-2　不同热变形条件下的临界开裂变形量

临界开裂变形量（%）		应变速率/s^{-1}			
		0.01	0.1	1	10
温度/℃	250	20.1667	17.9692	15.6	12.635
	300	25.5315	21.3192	18.4017	17.0333
	350	30.2521	29.4167	23.485	20.1667
	400	34.1667	30.6742	26.6917	23.0211
	450	36.5833	33.5023	30.5001	26.8333

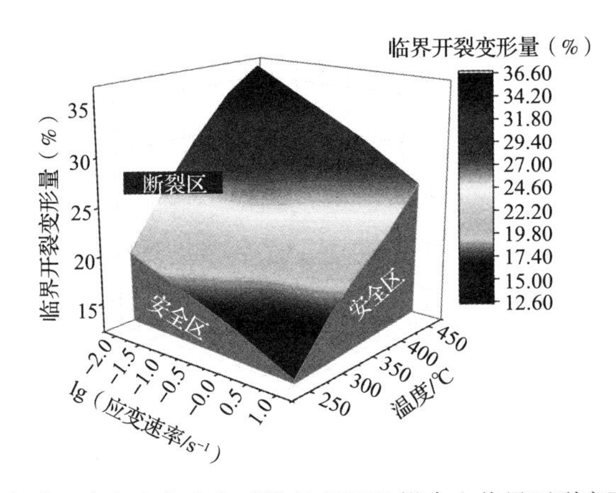

图 3-16　变形温度和应变速率对铸态 AZ31B 镁合金临界开裂变形量的影响

3.6.2　镁合金热压缩表面裂纹的形成及发展

图 3-17 为经过图像处理软件处理过的不同变形条件下镁合金热压缩变形过程。由图 3-17 可知，图像清晰地揭示了试样在热变形过程中表面裂纹萌生及发展情况，与最终实验所统计到的图像（第 4.3 和 4.4 节的描述）相符。可以发现，当变形条件为 300℃/0.01 s^{-1}时（图 3-17a），可以观察到，随着变形的进行，微小裂纹最先在试样表面出现；当变形量达到 12.3%，试样角部表

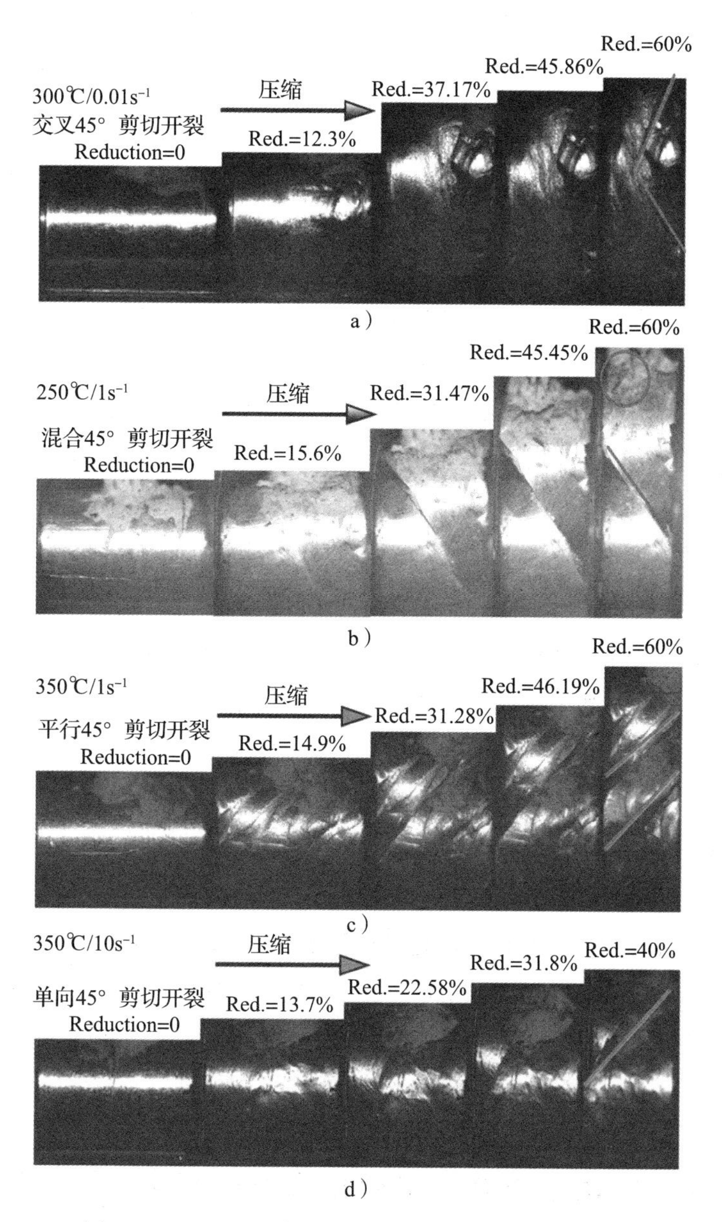

图 3-17　不同变形条件下镁合金热压缩高速摄影图像

a）交叉 45°剪切开裂　b）混合 45°剪切开裂　c）平行 45°剪切开裂　d）单向 45°剪切开裂

面开始有些许鼓起，与切应力方向不符，此现象的可能原因是镁合金成分不均，随着变形的进行试样在不均匀处最先开裂，开裂程度不大，与金相分析此处存在第二相或杂质有关。但是随着压缩变形的继续，细微的裂纹逐步绕开杂质，沿与试样压缩轴线呈 45°的平面扩展，并且长大增多。当变形量为 45.86%时，45°方向剪切变形明显，此时 45°切应力平面为其主要开裂方向。压缩变形结束时，裂纹最终发展成为交叉 45°剪切开裂（Crossed 45° shear cracking），与金相观察分析一致。

当变形条件为 250℃/1 s^{-1}时（图 3-17b），试样表面出现的微裂纹发生在变形量为 15.6%处，微裂纹所在平面与变形轴向呈 45°。随后模糊的表面微裂纹长大加深，沿 45°方向扩展逐渐清晰，而且开裂程度逐渐加剧，因此可以认为变形量 15.6%为镁合金在变形条件为 250℃/1 s^{-1}时的临界开裂变形量。随着变形量增加到 31.47%，试样出现明显的 45°剪切开裂现象，为试样变形的第一次开裂。此后，随着试样进一步变形，变形量持续增加，到变形量为 45.45%时，试样左上角出现二次开裂，与压缩轴向呈 45°。当变形量达到最大值的 60%时，压缩试样最终生长为混合 45°剪切开裂形式（Hybrid 45° shear cracking），与最终宏观试验结果（平行 45°剪切开裂 + 单向 45°剪切开裂）吻合。随着变形温度升高到 350℃（图 3-17c），镁合金塑性增强，开裂所需变形量增大。可以明显观察到，试样开始开裂时就存在多个方向的开裂路径，但整个变形过程中试样开始还是以单向 45°方向开裂为主，随着变形量的增大，单向 45°剪切开裂减缓，而其他开裂路径作用明显，到变形量为 46.19%时，试样已经呈平行 45°剪切开裂。此温度条件下，随着应变速率增加到 10 s^{-1}（图 3-17d），由于变形速率较快，变形量较小，明显观察到试样整个变形过程都在沿与压缩轴向呈 45°平面上，因此最终形成单向 45°剪切开裂（Unidirectional 45°shear cracking）。从上述分析可以看出，通过高速摄影技术记录镁合金变形过程，可以很好地表征镁合金热变形过程中裂纹萌生、扩展以及开裂形式等的变化。

3.7 AZ31B 镁合金热变形开裂准则的研究

3.7.1 热压缩有限元模型参数设置

对于本章镁合金热压缩模拟试验，由于坯料为轴对称件，只需选择 1/2 模型进行建模分析，因此采用三维建模软件 SolidWorks 2013 建立工件的实体圆柱模型，模型规格为 Φ8 mm×12 mm，同时建立 Φ14 mm×3 mm 的圆柱体作为模拟中的上、下模具。分别将其另保存为 STL 格式文件，调整精度后，导入 DEFORM-3D 中。然后对工件进行网格划分，上下模具和工件进行组合定位，结果如图 3-18 所示，其中工件定义为塑性体，而模具选择为刚性体，工件网格数划分 50000 个，实际元素个数为 62292，节点数为 13038 个，最小网格长度为 0.115489，时间步长采用每秒 0.3208，模拟步数的最大值为 300 步。

图 3-18　铸态 AZ31B 镁合金热压缩有限元模型

另外，由于 DEFORM-3D 材料库中没有镁合金的材料模型，因此本章材料模型的构建是将 Gleeble 热模拟压缩试验所得的应力 - 应变数据拟合成本构模型，输入 DEFORM 软件建立材料模型，其中，泊松比为 0.35，其他材料物理特性参数，如弹性模量、比热容、热导率等如图 3-19 所示。由于上下模具设为刚体，即认为其在热变形过程中不随温度变化而产生塑性变形，所以未对其进行材料参数设置和网格划分。

为了使模拟塑性变形的应变速率恒定，本文采用下式计算模具运动的瞬时速度：

$$\dot{v}_0 = \dot{\varepsilon}(h_0 - h_t) \tag{3-2}$$

式中，$\dot{v}_0$ 是瞬时速度（m/s）；$\dot{\varepsilon}$ 是恒定应变速率（s^{-1}）；h_0 是试样初始高度（m）；h_t 是试样压下高度（m）；t 是时间（s）。

应用式（3-2）可求出不同恒定应变速率下的上模具运动瞬时速度，见表 3-3，分别导入 DEFORM-3D 中进行有限元模拟。

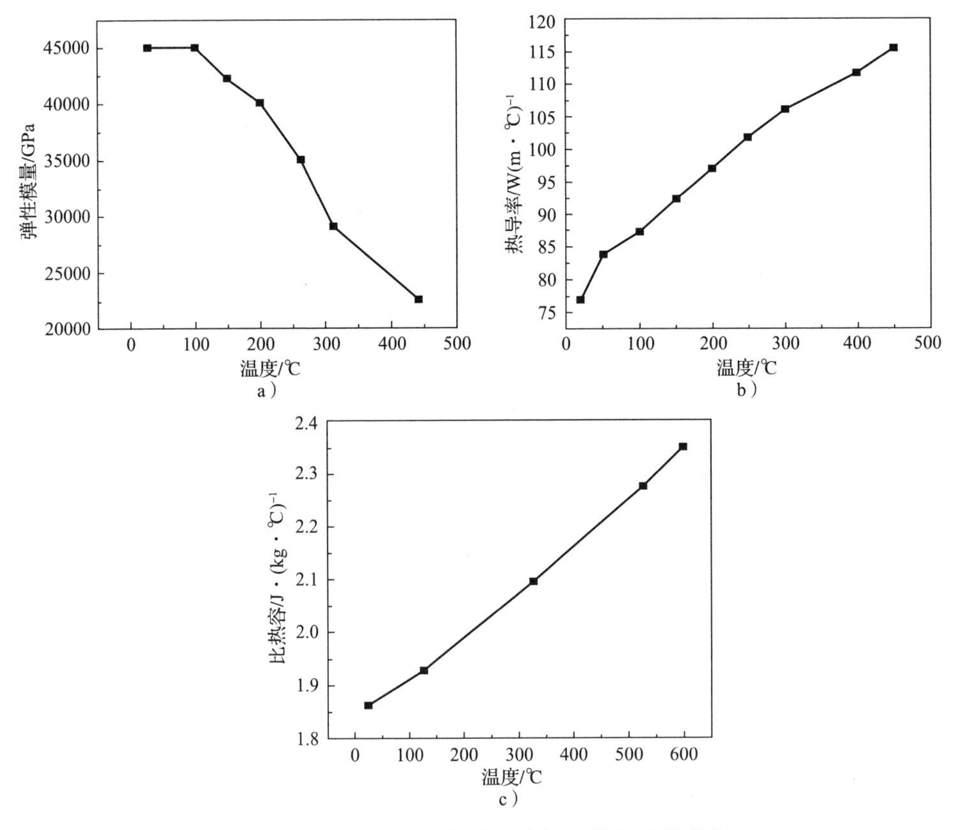

图 3-19　铸态 AZ31B 镁合金有限元模拟参数数据

a）弹性模量　b）热导率　c）比热容

表 3-3　上模具瞬时速度

试样压下高度/mm		0	1	2	3	4	5	6	7	8
		上模具瞬时速度/(mm/s)								
恒定应变速率/s^{-1}	0.01	0.12	0.11	0.1	0.09	0.08	0.07	0.06	0.05	0.04
	0.1	1.2	1.1	1.0	0.9	0.8	0.7	0.6	0.5	0.4
	1	12	11	10	9	8	7	6	5	4
	10	120	110	100	90	80	70	60	50	40

3.7.2　断裂准则的选取

基于上述有限元模拟的分析，从 DEFORM-3D 软件中选择六种冷态断裂准则（表 3-4）来模拟镁合金热压缩变形的应力应变状态和损伤分布情况。结合高速摄影技术拍摄到的图像和热压缩实验样本，最后确定适合镁合金热压缩变形的韧性开裂准则。从表 3-4 可以看出，冷态断裂准则左侧为应力对应变历史的积分，右侧为损伤值 C。其中，基于空洞理论的 Oyane、McClintock 和 Rice & Tracey 准则是考虑了衡量压应力水平的应力三轴度的重要性。黄建科通过试验研究了铝合金变形开裂的过程，指出应力三轴度在合金塑性变形过程中可以加快空洞增长速度，在宏观上意味着合金在高的应力三轴度条件下更容易形成断裂现象。贾东通过不同应力状态下镁合金破坏行为的研究，说明了由应力三轴度差异造成的应变路径及分布效应是有区别的。

表 3-4　有限元模拟冷态断裂准则

断裂准则	数学模型
Oyane	$\int_0^{\bar{\varepsilon}_f}\left(1+\frac{\sigma_H}{A\bar{\sigma}}\right)\mathrm{d}\bar{\varepsilon}=C$
McClintock	$\int_0^{\bar{\varepsilon}_f}\left\{\frac{2}{\sqrt{3}(1-n)}\sinh\left[\frac{\sqrt{3}(1-n)}{2}\frac{(\sigma_a+\sigma_b)}{\bar{\sigma}}\right]+\frac{(\sigma_b-\sigma_a)}{\bar{\sigma}}\right\}\mathrm{d}\bar{\varepsilon}=C$
Rice & Tracey	$\int_0^{\bar{\varepsilon}_f}\mathrm{e}^{\frac{\alpha\sigma_m}{\bar{\sigma}}}\mathrm{d}\bar{\varepsilon}=C$
Cockcroft & Latham	$\int_0^{\bar{\varepsilon}_f}\sigma_1=C$
Brozzo	$\int_0^{\bar{\varepsilon}_f}\frac{2\sigma_1}{3(\sigma_1-\sigma_H)}=C$
Freudenthal	$\int_0^{\bar{\varepsilon}_f}\bar{\sigma}=C$

然而，Cockcroft & Latham 准则指出最大应力是造成材料塑性变形过程的断裂行为的原因，Brozzo 准则认为最大拉应力和静水应力是材料发生断裂的主要因素。而且不同应力状态所导致的断裂机制不同，由不同的断裂准则所模拟得到的应力应变状态和损伤值演变也不同。因此，充分考虑镁合金热变形过程中的应力应变状态和损伤分布，结合本章第 4 节和第 5 节的裂纹分析，恰当地选择适合镁合金热压缩开裂的断裂准则尤为重要。

因此，在应变速率为 0.01 s^{-1}、变形温度为 250℃下对六种断裂准则进行模拟分析，根据模拟结果的特征，在试样上分别取五个点研究热压缩过程中损伤的演变情况，结果如图 3-20 所示。由图 3-20 可以明显看出，Oyane、McClintock、Rice & Tracey、Cockcroft & Latham 和 Brozzo 准则模拟出来的结果

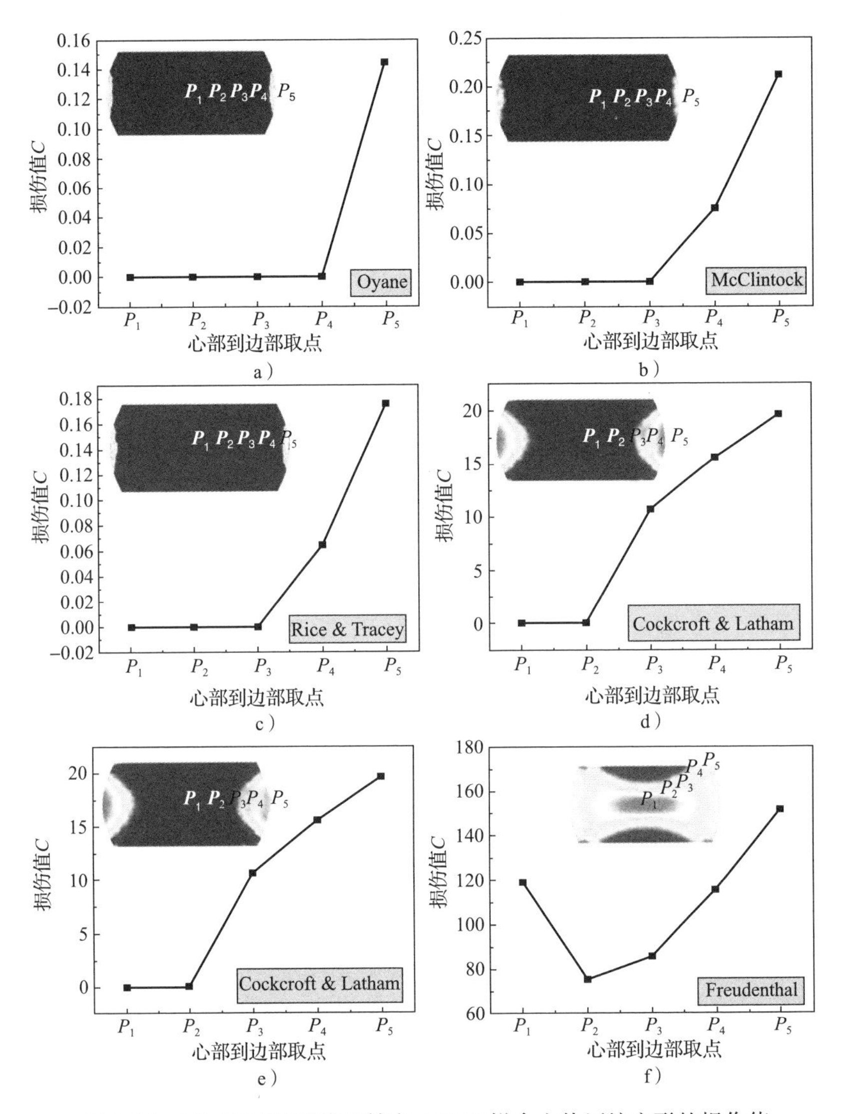

图 3-20　不同断裂准则模拟铸态 AZ31B 镁合金热压缩变形的损伤值

a）Oyane　b）McClintock　c）Rice & Tracey　d）Cockcroft & Latham　e）Brozzo　f）Freudenthal

都是在试样鼓肚表面最先产生最大值，与镁合金裂纹最先发生在试样的角部不完全符合，同时更没有反应出镁合金明显的 45°剪切开裂现象，因此以上准则不符合镁合金热压缩断裂形式。而对于 Freudenthal 准则的模拟结果表明（图 3-20f），坯料的角部和心部的损伤较大，详细的模拟结果如图 3-21 所示。可以发现，Freudenthal 准则能够较好地反映铸态 AZ31B 镁合金热压缩变形开裂行为。当应变从 0 到 0. 41804 坯料最大损伤值首先出现在试样的角部，随着应变量的增大，心部的损伤值增大，逐渐超过角部损伤值，与高速摄影图像所记录的开裂现象一致，同时可以观察到热压缩模拟呈 45°剪切开裂（图 3-21b、c、d），符合宏观试样的主要开裂方式。Clift 等通过对室温条件下拉伸、挤压和镦粗等变形过程的开裂行为研究也发现，只有采用 Freudenthal 断裂准则，才能准确预测所有成形过程的起始开裂点。

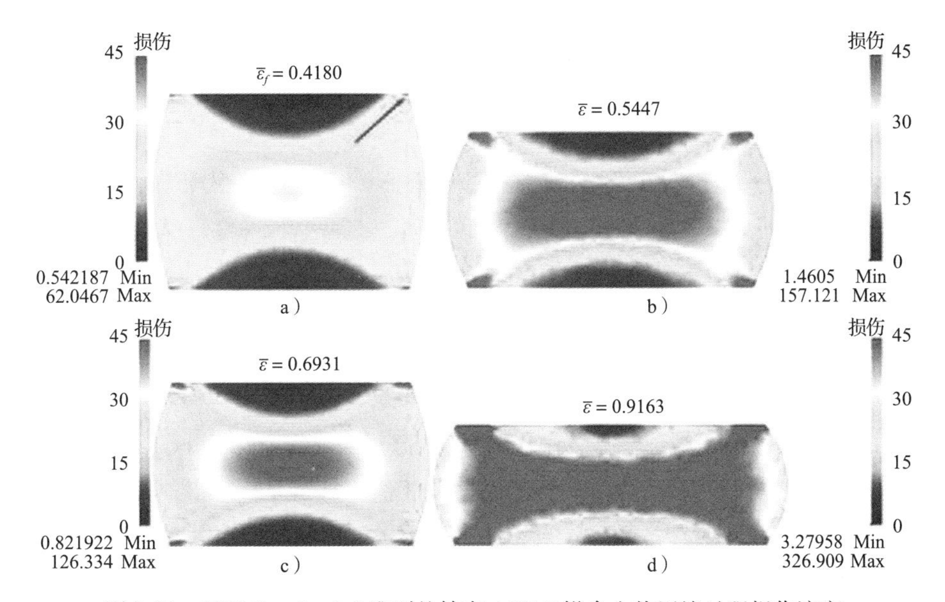

图 3-21　基于 Freudenthal 准则的铸态 AZ31B 镁合金热压缩过程损伤演变

3. 7. 3　AZ31B 镁合金热压缩开裂准则的建立

图 3-21 为铸态 AZ31B 镁合金在 0. 01 s^{-1}/400℃ 变形条件下热压缩变形过程的损伤演变云图。结合上一节中高速摄影技术得到的临界开裂应变分析，在此变形条件下，当上模具压缩变形的位移量为 4. 7812 mm，即临界开裂应变为 0. 4180 时，此时最大损伤值为 62. 0467（图 3-21a），即临界开裂损伤值为 62. 0467。该值的物理意义是：镁合金在该变形条件下，当临界应变为 0. 4180 时，损伤值超过临界开裂损伤值（62. 0467），该位置发生开裂。基于此，测得不同热变形条件下的临界开裂损伤值见表 3-5。

表 3-5　不同热变形条件下的临界开裂损伤值

临界开裂损伤值		应变速率/s^{-1}			
		0.01	0.1	1	10
温度/℃	250	62.0085	58.0074	52.9871	46.1596
	300	70.4032	60.6068	56.1522	54.5563
	350	76.6585	71.0976	67.0299	61.7347
	400	85.6784	78.7825	69.4144	64.6366
	450	88.8043	81.4427	77.7171	72.1377

图 3-22 显示了变形温度和应变速率对铸态 AZ31B 镁合金临界开裂损伤值的影响。由表 3-5 和图 3-22 可以看出，铸态 AZ31B 镁合金在温度为 250 ~ 450℃、应变速率为 0.01 ~ 10 s^{-1} 的变形条件下，临界开裂损伤值在 46.00 ~ 89.00 范围内变化，且是随变形温度和应变速率变化的常数。同时，其值随变形温度和应变速率的变化规律与临界开裂应变相似，即变形温度越高和应变速率越小临界开裂损伤值越大，而且这种现象对应变速率的敏感程度更高，夏玉峰等也发现了该镁合金的这种规律。此外，由于镁合金为 HCP 结构，室温滑移系较少，而非基底滑移 CRSS 远高于基底滑移，且两者比值（非基底/基底）非常大，因此室温时塑性较差。随着温度的升高，非基底滑移的 CRSS 急剧下降，两者比值减小，尽管在 370℃ 时，热激活使得 $\{10\bar{1}1\}$ 压缩孪生的 CRSS 明显低于 200℃ 时的值，但其孪生体积明显减小。这就归因于热激活使得非基

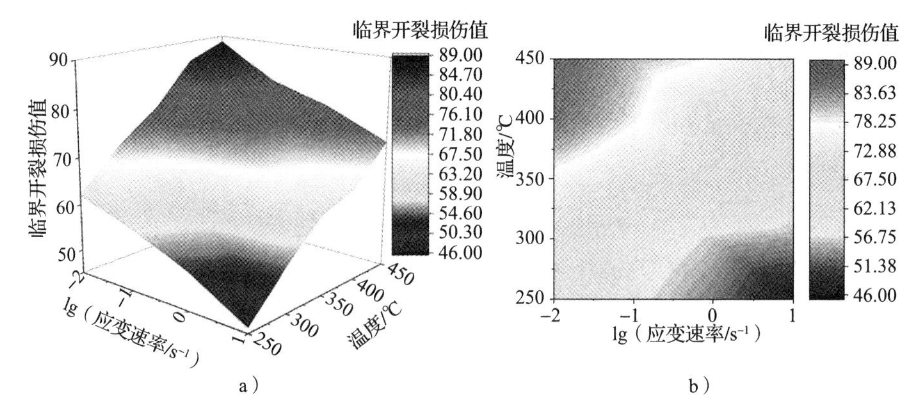

图 3-22　镁合金临界开裂损伤值随变形温度和应变速率的影响
a）三维图　b）投影图

面滑移系激活，尤其是锥面滑移〈c + a〉的产生，同时变形机制逐渐从基面滑移和孪生相互竞争转变为滑移占主导，致使镁合金塑性增强，达到临界开裂应变所需的变形量增多，临界开裂损伤值增大。而对于应变速率对镁合金性能影响的机制，Yuan-Zhi W U 认为随着应变速率增大，位错没有足够的时间进行抵消和合并，形成位错堆积，应力集中，此时单纯的滑移机制无法有效释放集中的应力，而高速率变形下晶体中大部分应变能储存在孪晶中，从而增加了孪生产生的倾向，使得在高速变形下也能够发生孪生。孪生的存在足以给镁合金提供动态再结晶（DRX）驱动力，由于孪晶和 DRX 的成核速率高，孪晶密度和 DRX 晶粒分数随着变形速率的增大而增大，因此，此时组织均匀，晶粒更细小。但高应变速率变形时，动态再结晶的形核不能起动到足够大的程度来消耗持续的变形能，组织就会萌生裂纹，此后随着变形量的增大，裂纹扩展加深。因此，应变速率越高，镁合金热变形达到临界开裂损伤值越快，材料越易开裂。

图 3-23 所示为基于 Freudenthal 准则获得的临界开裂损伤值与 ln$Z$ 的关系。可以明显看出，ln$Z$ 与临界开裂损伤值呈很好的线性关系，而且损伤值随着 ln$Z$ 的增大而减小，呈负相关，回归分析后，有

$$C_f = 146.27428 - 2.31253\ln Z \tag{3-3}$$

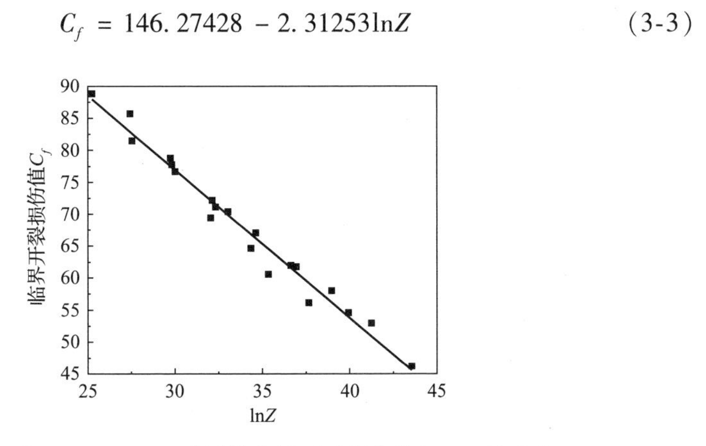

图 3-23　基于 Freudenthal 准则的临界开裂损伤值与 ln$Z$ 的关系

拟合相关系数（Adj. R-Square）为 0.97482，拟合度较高。因此，考虑变形温度和应变速率的铸态 AZ31B 镁合金开裂准则为

$$D = \frac{\int_0^{\bar{\varepsilon}_f} \bar{\sigma} \mathrm{d}\bar{\varepsilon}}{f(\dot{\varepsilon}, T)} = \frac{\int_0^{\bar{\varepsilon}_f} \bar{\sigma} \mathrm{d}\bar{\varepsilon}}{146.27428 - 2.31253 \ln Z} \tag{3-4}$$

该准则所表达的物理意义为：$D=1$ 时，材料开始萌生开裂；当 $D>1$ 时，材料在热变形条件下发生开裂；$D<1$ 时，材料处于热加工安全区，不发生开裂。

参考文献

[1] 俞汉清，陈金德．金属塑性成形原理［M］．北京：机械工业出版社，2011.

[2] 姜丹．AZ31 镁合金锻造变形的组织与性能研究［D］．重庆：重庆大学，2008.

[3] 马立峰，庞志宁，马自勇，等．AZ31B 宽幅镁合金铸轧板材热轧边裂原因分析［J］．材料科学与工程学报，2014，32（5）：665-670.

[4] 国家职业资格培训教材编审委员会．金属材料及热处理知识［M］．北京：机械工业出版社，2005.

[5] 罗素琴．Mg-Zn-Zr-Y 合金固溶强化和第二相强化的理论和实验研究［D］．重庆：重庆大学，2011.

[6] 黄志权，黄庆学，马立峰，等．宽幅 AZ31B 镁合金铸轧板显微组织和性能研究［J］．材料研究学报，2013，27（3）：292-298.

[7] 赵国丹．AZ31 镁合金热变形力学行为和动态再结晶的研究［D］．重庆：重庆大学，2005.

[8] 王越，姜丽丽，毛萍莉，等．应变速率对 AZ31B 变形镁合金力学性能的影响［J］．沈阳工业大学学报，2008，30（5）：539-542.

[9] 彭雯雯．基于累积塑性能的热变形开裂准则及应用研究［D］．西安：西北工业大学，2014.

[10] 黄建科，董湘怀．金属成形中韧性断裂准则的细观损伤力学研究进展［J］．上海交通大学学报，2006，40（10）：748-1753.

[11] 贾东．镁合金 MB2 破坏模式与应力状态的关系［D］．绵阳：中国工程物理研究院，2013.

[12] 黄志权，黄庆学，韦建春，等．AZ31 镁合金热轧边裂预判模型研究［J］．稀有金属材料与工程，2016（6）：1461-1466.

[13] S E Clift，P Hartley，C E N Sturgess，et al. Fracture prediction in plastic deformation processes［J］. International Journal of Mechanical Sciences，1990，32（1）：1-17.

[14] 夏玉峰，权国政，周杰. Effects of temperature and strain rate on critical damage value of AZ80 magnesium alloy [J]. 中国有色金属学报（英文版），2010，20（s2）：580-583.

[15] A K Rodriguez，G Kridli，G Ayoub，et al. Effects of the Strain Rate and Temperature on the Microstructural Evolution of Twin- Rolled Cast Wrought AZ31B Alloys Sheets [J]. Journal of Materials Engineering & Performance，2013，22（10）：3115-3125.

[16] T Al-Samman，K D Molodov，D A Molodov，et al. Softening and dynamic recrystallization in magnesium single crystals during c- axis compression [J]. Acta Materialia，2012，60（2）：537-545.

[17] T Al- Samman，X Li，S G Chowdhury. Orientation dependent slip and twinning during compression and tension of strongly textured magnesium AZ31 alloy [J]. Materials Science & Engineering A，2010，527（15）：3450-3463.

[18] W U Yuan-Zhi，H G Yan，S Q Zhu，et al. Homogeneity of microstructure and mechanical properties of ZK60 magnesium alloys fabricated by high strain rate triaxial- forging [J]. Chinese Journal of Nonferrous Metals，2014，24（2）：310-316.

第4章　AZ31B镁合金板轧制过程温度变化规律研究

4.1　轧制过程镁合金板温度场影响因素

国内外轧钢研究专家对于轧制过程中的热辐射、热对流，以及热传导的研究已经较为深入，其中包括金兹伯格等研究专家计算出来的轧制数学模型。同样地，镁合金轧制需要涉及镁合金板的尺寸公差、轧制后性能、板形等方面参数，这些因素与轧机设备的控制有很大关系。变形镁合金热轧温度控制模型为热轧变形抗力的子模型，该模型受辐射换热、对流换热以及接触换热等因素影响。一般镁合金板轧制的温度变化因素包括以下几点（图4-1）：

（1）板坯在传送辊道上的温降；

（2）轧制时板坯与轧辊接触产生的温降；

（3）轧制时板坯变形产生的温升；

（4）轧制时板坯与轧辊间的摩擦产生的温升。

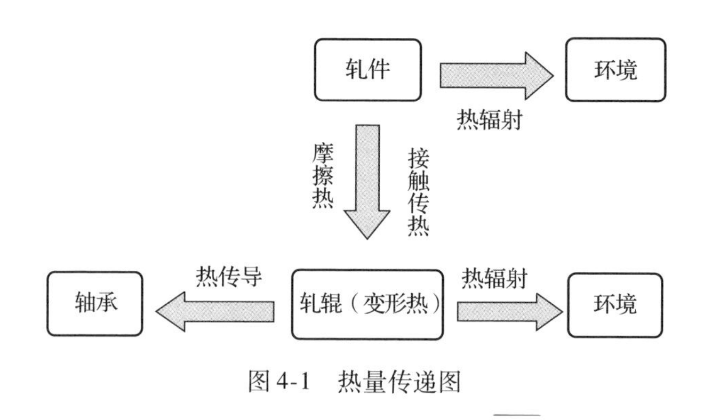

图4-1　热量传递图

镁合金板连轧过程中机架间温度变化可用以下模型概括：①空冷模型；②接触温降模型；③塑性变形温升模型；④摩擦温升模型。

（1）空冷模型

空冷过程的影响因素包括：①与环境的对流换热；②与环境的辐射换热，即：

$$\Delta T_a = f(T_b, T_\varepsilon, \delta, \varepsilon, C, t, B, H, \rho) \tag{4-1}$$

式中，ΔT_a 是空冷阶段镁合金板的温降（℃）；T_b 是轧制前镁合金板的温度（℃）；T_ε 是轧制后镁合金板的温度（℃）；δ 是 Stefen- Boltzmann 辐射常数（5.6697×10^{-12}）；ε 是板坯材料某一温度下的辐射率；C 是板坯材料在某一温度下的比热容［J/(kg · ℃)］；t 是板坯材料在空气中敞露的时间（s）；B 是板坯的宽度（mm）；H 是板坯的厚度（mm）；ρ 是板坯材料的密度（kg/m^3）。

镁合金板带与轧辊接触时的温降模型：

$$\Delta T_c = f(T_R, T_m, \beta, K, t, B', H', \rho) \tag{4-2}$$

式中，ΔT_c 是轧制区镁合金板带的温降（℃）；T_R 是轧辊的温度（℃）；T_m 是板坯材料的温度（℃）；β 是板坯在某一温度下的热导率［W/(m · ℃)］；K 是镁合金的热导率［W/(m · ℃)］；t 是板坯材料在轧制区中的轧制时间（s）；B'是板坯在轧制区中产生塑性变形后的平均宽度（mm）；H'是板坯材料在轧制区中的平均厚度（mm）；ρ 是镁合金的密度（kg/m^3）。

（2）塑性变形温升模型

$$\Delta T_p = f(\sigma, t, C, B', H', \rho) \tag{4-3}$$

式中，ΔT_p 是在轧制区中板坯材料由于塑性变形所升高的温度（℃）；σ 是板坯材料在某一温度下的变形抗力（MPa）；t 是板坯材料在轧制区中的轧制时间（s）；C 是板坯材料在某一温度下的比热容［J/(kg · ℃)］；B'是板坯在轧制区中产生宽展后的平均宽度（mm）；H'是板坯在轧制区中的平均厚度（mm）；ρ 是板坯材料的密度（kg/m^3）。

（3）摩擦温升模型

$$\Delta T_f = f(\mu, C, \sigma, v, h, H, \rho) \tag{4-4}$$

式中，ΔT_f 是板坯在轧制区产生的温升（℃）；μ 是板坯在热状态下与轧辊之间的滑动摩擦因数；C 是板坯材料在某一温度下的比热容［J/(kg · ℃)］；σ

是板坯材料在某一温度下的变形抗力（MPa）；v 是板坯的出口速度（m/s）；H 是板坯的厚度（mm）；h 是板坯的出口厚度（mm）；ρ 是板坯材料的密度（kg/m^3）。

4.1.1　镁合金板材的开轧温度

镁合金板轧制工艺一般要考虑板带从加热炉中取出的温度和热轧机的开轧温度。对于开轧温度，要求控制镁合金出炉后进行温轧时所需的温度，以此获得特殊的材料性能；而终轧温度对镁合金板的表面质量有直接影响，如果温度过低，就会产生脆性断裂，如果温度过高，内部晶粒组织会进一步长大，而晶粒过大容易导致力学性能不好，板形和边部裂纹等生产工艺上的问题就会更加严重。板坯上的温度分布情况会直接影响到其材料成形后的力学性能，同时轧制压力波动还会影响到板坯厚度的均匀性。因此，热轧镁合金板温度控制模型的建立对轧制变形镁合金板带材具有极为重要的意义。

镁合金板材的开轧温度的上限应低于镁合金的固相线温度，而且为了防止坯料加热时的过热和过烧，通常开轧温度的上限一般要比熔点低 100～200℃，一般取（0.85～0.90）T，镁合金材料的固相点是 546.8℃，所以估算 AZ31B 镁合金的开轧温度的上限为：

$$T = (0.85 \sim 0.90) \times 546.8 \approx (464.78 \sim 492.12)℃$$

4.1.2　辐射换热导致的温降

镁合金板在传送辊道上传送过程中，在空气中敞露的时间过长，就会以辐射换热的方式和周围介质不断换热，从而造成镁合金板的温降。对于热轧，变形镁合金温度主要在 150～400℃，与辐射传热有关的主要是红外光波。

镁合金板辐射散失的热量为：

$$Q = E_1 S\tau - E_2 S\tau = \varepsilon C_0 \left[\left(\frac{T}{100} \right)^4 - \left(\frac{T_0}{100} \right)^4 \right] S\tau \tag{4-5}$$

式中，Q 是热量（J）；E_1 是损失的热量（J）；E_2 是吸收的热量（J）；S 是损失热量的面积（mm^2），对于板坯来说，$S = 2BL$，B 是板坯宽度（mm），L 是板坯长度（mm）；τ是时间（s）；C_0是修正系数；T是板坯温度（℃）；T_0是空气温度（℃）。由于$T_0 << T$，不计环境温度，采用微分形式可写成：

$$dQ = \varepsilon C_0 \left(\frac{T}{100}\right)^4 S d\tau \tag{4-6}$$

由于散热造成的温降为dT，其热量为：

$$dQ = -CmdT = -C\rho BLHdT$$

式中，B是板坯宽度（mm）；L是板坯长度（mm）；H是热量（J）；ρ是密度（kg/m^3）；m是质量（kg）；C是比热容[J/(kg·℃)]。

因此，由于辐射换热导致的温降公式为：

$$dT = -\frac{\varepsilon C_0 T^4 F d\tau}{C\rho BHL} \tag{4-7}$$

4.1.3　对流换热导致的温降

对流换热过程包括：①镁合金板表面上的流体位移所产生的对流；②镁合金板发生位移所产生的对流。对流换热与流体的运动有着密切的联系，流速越大，由对流换热导致的交换热量也就越大。此外，流体的物理性质以及镁合金板的形状尺寸等因素对对流换热都有影响。为了便于计算可简化为以下形式：

$$Q = \alpha(T - T_\varepsilon)F\tau \tag{4-8}$$

式中，Q是对流换热导致的热量变化（J）；F是热交换面积（m^2）；τ是热交换时间（s）；T是轧件温度（℃）；T_ε是环境温度（℃）；α是表面传热系数[$W/(m^2 \cdot ℃)$]。

计算对流换热所导致的热量变化主要是确定表面传换热系数α，通过找出表面传热系数α与对流换热损失热量之间的关系来确定α值。影响表面传热系数的因素主要包括：空气流动速度v、空气温度T_1、介质温度T_2、空气的导热系数λ、空气的比热容C_p、空气的密度ρ、空气的黏度μ、轧件的表面尺寸l_x、重力加速度g等，α是以上因素的函数，即：

$$\alpha = f(v, T_1, T_2, \lambda, C, \rho, \mu, l_1, l_2, l_3 \cdots)$$

α 的理论计算通常建立在相似理论基础上，其温降热量公式：

$$dQ = -HBL\rho gCdT \tag{4-9}$$

与 $Q=\alpha(T-T_{\varepsilon})F\tau$ 联立解得：

$$dT = -\frac{\alpha(T-T_{\varepsilon})S\tau}{HBL\rho gC} \tag{4-10}$$

式（4-10）只考虑轧件的整体平均温降，没有将内部组织和外表面部分之间的热传导考虑进去。但对于中厚板来说，轧件表面和心部存在较大的温差，因此对于中厚板可采用有限差分法来计算空间某一点的温度值。

4.1.4　轧件与轧辊之间的接触传热导致的温降

轧件与轧辊之间的热传导现象可用 Fourier 定律来描述。根据 Fourier 定律的导热微分方程，在镁合金板中取一个微分立方单元（图 4-2），在镁合金板微分单元中建立空间坐标系，设各侧表面上导入的热流密度分别为 q_x、q_y、q_z，导出的热流密度分别为 q'_x、q'_y、q'_z，则

$$q'_x = q_x + \frac{\partial q_x}{\partial x}dx$$

$$q'_y = q_y + \frac{\partial q_y}{\partial y}dy$$

$$q'_z = q_z + \frac{\partial q_z}{\partial z}dz$$

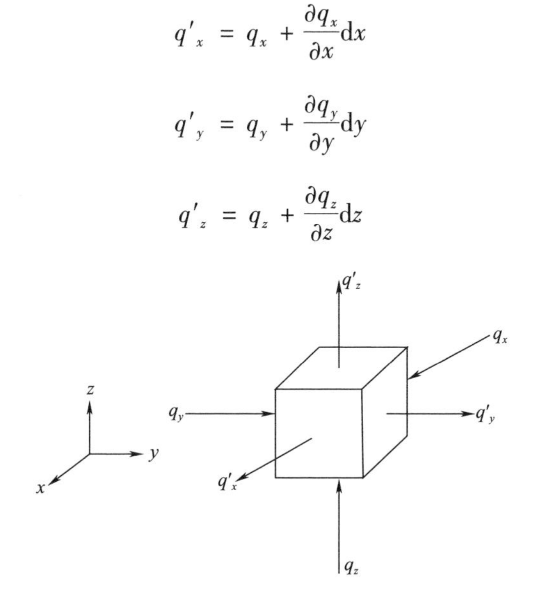

图 4-2　镁合金板微分单元

在 $d\tau$ 时间内导入和导出的热量为：

$$dQ_x = q_x dydzd\tau, dQ'_x = \left(q_x + \frac{\partial q_x}{\partial x}\right)dydzd\tau$$

$$dQ_y = q_y dxdzd\tau, dQ'_y = \left(q_y + \frac{\partial q_y}{\partial y}\right)dxdzd\tau$$

$$dQ_z = q_z dxdyd\tau, dQ'_z = \left(q_z + \frac{\partial q_z}{\partial z}\right)dxdyd\tau$$

经过 $d\tau$ 时间后，镁合金板微分单元内所释放出来的能量为：

$$\begin{aligned} dQ &= (dQ'_x - dQ_x) + (dQ'_y - dQ_y) + (dQ'_z - dQ_z) \\ &= \left(\frac{\partial q_x}{\partial x} + \frac{\partial q_y}{\partial y} + \frac{\partial q_z}{\partial z}\right)dxdydz \end{aligned}$$

镁合金板单元体的初始温度为 T_0，单位时间的温度变化为$\frac{\partial T_0}{\partial \tau}$，$d\tau$ 单位时间内镁合金板单元体的温度变化量为$\frac{\partial T_0}{\partial \tau}d\tau$，引起温度变化所损失的热量为：

$$dQ = -C\rho g dV \frac{\partial T_0}{\partial t}d\tau$$

由于
$$dV = dxdydz$$

所以
$$-C\rho g \frac{\partial T_0}{\partial \tau}d\tau = \frac{\partial q_x}{\partial x} + \frac{\partial q_y}{\partial y} + \frac{\partial q_z}{\partial z}$$

根据 Fourier 定律得到：

$$q_x = -\lambda \frac{\partial T_0}{\partial x}$$

$$q_y = -\lambda \frac{\partial T_0}{\partial y}$$

$$q_z = -\lambda \frac{\partial T_0}{\partial z}$$

所以

$$C\rho g\frac{\partial T_0}{\partial \tau}=\lambda\left(\frac{\partial^2 T_0}{\partial x^2}+\frac{\partial^2 T_0}{\partial y^2}+\frac{\partial^2 T_0}{\partial z^2}\right)$$

即：

$$\frac{\partial T_0}{\partial \tau}=\frac{\lambda}{C\rho g}\left(\frac{\partial^2 T_0}{\partial x^2}+\frac{\partial^2 T_0}{\partial y^2}+\frac{\partial^2 T_0}{\partial z^2}\right)$$

令 $\alpha=\dfrac{\lambda}{C\rho}$，$\alpha$ 称为热导率，单位为 W/(m · ℃)。

镁合金板通过接触表面的氧化皮将热量传递给轧辊。设轧辊与镁合金板接触表面传热系数为 h_c，则轧件单位时间内散失的热量 Q 为：

$$Q=2h_cS\frac{T-T_R}{h'} \tag{4-11}$$

式中，T、T_R 分别是镁合金板和轧辊的温度（℃）；h' 是镁合金板表面氧化皮的厚度（mm）；h_c 是镁合金板与轧辊之间的表面传热系数，$h_c=\lambda/\sqrt{\pi a\tau_r}$，$a=\lambda/(\rho\cdot C)$，$\tau_r=\sqrt{\Delta h\cdot R}/v$，$\lambda$ 是镁合金本身的热导率［W/(m · ℃)］，v 是轧制速度（m/s）；S 是镁合金板与轧辊的接触面积（m^2）。

因此，镁合金板和轧辊接触换热导致的热量变化 Q_c 为：

$$Q_c=C\rho BHL\Delta T_c \tag{4-12}$$

联立式（4-11）和式（4-12），解得 $\Delta T_c=\dfrac{2h_cS(T-T_R)}{C\rho BHLh'}$。

4.1.5　镁合金板与轧辊摩擦生热产生的温升

在镁合金板与轧辊相互摩擦产生的热量中，摩擦生热所导致的温升可用下式来计算：

$$fs=Cm\Delta T_f$$

式中，m 是镁板质量（kg）。

即：

$$\mu mgl=Cm\Delta T_f$$

$$\Delta T_f = \frac{\mu g l}{C}$$

式中，μ 是滑动摩擦因数；g 是 $9.8\mathrm{m/s^2}$；l 是接触弧长（mm）；C 是镁合金的比热容［J/(kg·℃)］。

4.1.6　镁合金板自身的塑性变形生热

在轧制区中，镁合金板发生塑性变形的同时，还会产生加工硬化，而且在随后的动态再结晶过程中，加工硬化组织中累积的机械能会以热量的形式释放出来，使得轧件自身的温度升高。

设轧制时镁合金板塑性变形所产生的热量为 Q_p，温升为 ΔT_p，由轧制理论可知，镁合金板塑性变形功可写为：

$$W_p = pV\ln\frac{H}{h}$$

式中，V 是镁合金板的体积（$\mathrm{m^3}$）。

计算产生的塑性变形热为：

$$Q_p = \eta W_p = \eta pV\ln\frac{H}{h}$$

式中，η 是机械功转化为热量的效率；p 是平均单位轧制力（MPa）；H、h 分别是轧制前轧制后的镁合金板厚度（mm）。

计算其塑性变形热产生的温升：

$$Q_p = \eta pV\ln\frac{H}{h} = C\rho BHL\Delta T_p$$

解得：

$$\Delta T_p = \frac{\eta pV\ln\frac{H}{h}}{C\rho BHL}$$

4.2　考虑边裂能量耗散的镁合金板轧制温度数学模型

计算各个部分的热量变化需要考虑与各个热量相关的接触面积，如镁合金板敞露在环境中的面积、镁合金板与轧辊之间的接触面积、镁合金板与轧辊的接触弧长以及轧制前和轧制后的厚度变化等。计算以上各个物理量需要先从轧制区中轧件与轧辊的接触面积和接触弧长入手，因为镁合金板轧制在一定压下量下，轧制区中轧件与轧辊的接触面积和接触弧长始终是固定值。

4.2.1　轧制区中镁合金板与轧辊的接触面积和接触弧长的计算

轧辊的咬入角为：

$$\alpha = \arccos\left(1 - \frac{\Delta h}{D}\right)$$

式中，Δh 是压下量（mm）；D 是轧辊的直径（mm）。

接触弧长为：

$$l = \alpha R = \frac{D}{2}\arccos\left(1 - \frac{\Delta h}{D}\right)$$

镁合金板在轧制后发生宽展和沿着轧制方向的延伸，设宽展量为 ΔB，则镁合金板与轧辊沿宽度方向的接触面积为：

$$(B + \Delta B)\left[\frac{D}{2}\arccos\left(1 - \frac{\Delta h}{D}\right)\right]$$

式中，ΔB 是宽展量（mm），$\Delta B = c\Delta h\left(2\sqrt{\frac{R}{\Delta h} - \frac{1}{f}}\right)(0.138\varepsilon^2 + 0.328\varepsilon)$；$R$ 是轧辊半径（mm）；ε 是压下量，$\varepsilon = \frac{\Delta h}{H}$；$c$ 是轧件原始宽度和接触弧长的比值，$c = 1.34\left(\frac{B}{R\Delta h} - 0.15\right)e^{0.15 - \frac{B}{\sqrt{R\Delta h}}} + 0.5$。

镁合金板与轧辊的接触面积为：

$$S_C = \beta l(B + \Delta B) = \beta \frac{D}{2}(B + \Delta B)\arccos\left(1 - \frac{\Delta h}{D}\right)$$

式中，β 是修正系数（由于轧制变形区为斧形，沿着 RD 方向的接触弧长渐变减小，因此加上一个渐变修正系数）。

如图 4-3 所示，将轧制区侧面面积 S' 分为三个部分，$S' = 2S_1 + S_2$，其中 S_1 可用积分来计算，在轧制区建立 x-y 坐标系。其中，$S_1 = \int_{\frac{D}{2}\sin\left[\arccos\left(1-\frac{\Delta h}{D}\right)\right]}^{0} \sqrt{\frac{D^2}{4} - x^2}\mathrm{d}x$，令 $A = \frac{D}{2}\sin\left[\arccos\left(1 - \frac{\Delta h}{D}\right)\right]$，则

$$S_1 = \frac{A}{2}\sqrt{\frac{D^2}{4} - A^2} + \frac{D^2}{8}\arcsin\frac{2A}{D} + C(C\text{ 为常数})$$

$$S_2 = (H - H\varepsilon)\frac{D}{2}\sin\left[\arccos\left(1 - \frac{\Delta h}{D}\right)\right]$$

$$S' = A\sqrt{\frac{D^2}{4} - A^2} + \frac{D^2}{8}\arcsin\frac{2A}{D} + C' + (H - H\varepsilon)\frac{D}{2}\sin\left[\arccos\left(1 - \frac{\Delta h}{D}\right)\right]$$

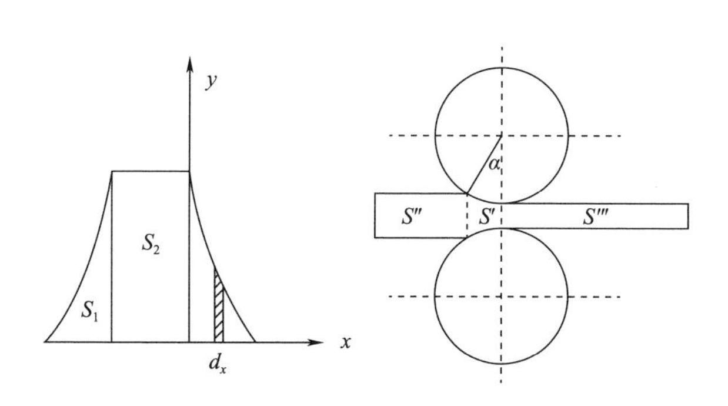

图 4-3　轧制区

在轧制过程中考虑前滑和后滑对轧制速度的影响，设入口速度为 v_i，出口速度为 v_0，入口部分 $S' = Hv_it$，出口部分 $S'' = (H - H\varepsilon)v_0t$。

敞露在空气环境中的面积为：

$$S_a = 2S' + 2S'' + 2S''' + 2Bv_{it} + 2(B + \Delta B)v_{0t} + HB + (H - H\varepsilon)(B + \Delta B)$$

根据辐射换热导致的温降公式计算辐射换热导致的温降为：

$$\Delta T_r = -\frac{\varepsilon C_0 T^4 S_a \tau}{C\rho BHL}$$

式中，C_0 是黑体的辐射系数［5.67W/($m^2 \cdot K^{-4}$)］。

根据对流换热导致的温降公式计算对流换热导致的温降为：

$$\Delta T_t = \frac{\alpha(T - T_e) S_a \tau}{HBL\rho gC}$$

式中，α 是表面传热系数［W/(m^2 · ℃)］；T_e 是环境温度（℃）；C 是镁合金的比热容［J/(kg · ℃)］。

根据轧件与轧辊接触换热导致的温降公式计算轧件与轧辊接触换热的温降为：

$$\Delta T_c = \frac{2h_c S(T - T_R)}{C\rho BHLh'}$$

根据镁合金板与轧辊摩擦生热导致的温升公式计算轧件与轧辊摩擦生热产生的温升：

$$\Delta T_f = \frac{\mu gl}{C}$$

根据镁合金板自身的塑性变形生热公式计算温升为：

$$\Delta T_p = \frac{\eta pV\ln\dfrac{H}{h}}{C\rho BHL}$$

而在实际轧制过程中，由于辐射换热、对流换热以及与轧辊接触换热等因素导致镁合金板表面温度分布不均匀，再加上轧制区中的镁合金板单元受到拉应力和压应力的交替作用，导致镁合金板出现边部裂纹缺陷，边部裂纹的扩展也伴随着能量的释放而损失热量，这一部分能量损失导致的温降对裂纹扩展应力场尤为重要。因此，根据裂纹扩展能量释放理论的两个假设：①裂纹扩展的初始方向总是沿着能量释放率取最大值的方向；②当开裂方向上的能量释放率达其临界值，裂纹开始扩展。

裂纹扩展 Δa 的能量释放率 G 可以表示为：

$$G = -\left(\frac{-\partial U}{\partial a}\right) = -\frac{1}{2}\{\boldsymbol{u}\}\left(\frac{\partial \boldsymbol{S}}{\partial a}\right)$$

式中，U 是系统总势能（J）；a 是裂纹的长度（m）；$\{\boldsymbol{u}\}$ 是节点位移矢量；$\boldsymbol{S}$ 是系统刚度矩阵。

而 G 即为裂纹扩展单位长度 Δa 系统势能的变化率，因此裂纹扩展至长度 a 时所损耗的能量为：

$$W_b = aG$$

由于裂纹扩展均发生在板坯的边部，且沿着板宽纵深方向扩展，计算轧制后所有裂纹部位损耗能量导致的温降应先计算出轧制后板坯沿轧制方向的长度，根据轧制前轧制后体积不变原理可以计算出轧制后板坯沿轧制方向的长度为：

$$L' = \frac{BHL}{(B + \Delta B)(H - H\varepsilon)}$$

板坯裂纹部分的体积为：

$$V' = a(H - H\varepsilon)L' = \frac{aBHL}{(B + \Delta B)}$$

计算裂纹扩展至长度 a 时损耗能量所导致的温降 ΔT_b：

$$W_b = aG = C\rho V'\Delta T_b = C\rho\frac{aBHL}{(B + \Delta B)}\Delta T_b$$

则

$$\Delta T_b = \frac{G(B + \Delta B)}{C\rho BHL}$$

至此在轧制过程中轧件的平均温度为：

$$\begin{aligned} T_{轧后} &= T_{出炉} - \Delta T_r - \Delta T_t - \Delta T_c + \Delta T_f + \Delta T_p - \Delta T_b \\ &= T_{出炉} - \frac{\varepsilon C_0 T^4 S_a \tau}{C\rho BHL} - \frac{\alpha(T - T_e)S_a\tau}{HBL\rho gC} - \frac{2h_c S(T - T_R)}{C\rho BHLh'} + \frac{\mu gl}{C} + \\ &\quad \frac{C\rho BHL}{\eta p V \ln\frac{H}{h}} - \frac{G(B + \Delta B)}{C\rho BHL} \end{aligned}$$

轧制后镁合金板敞露在空气环境中，只受到辐射传热和对流换热两种散热形式的影响。

在轧制过程中敞露在空气环境中的面积为：

$$S_1 = 2(H - H\varepsilon)(B + \Delta B) + 2(H - H\varepsilon)L' + 2L'(B + \Delta B)$$

所以，根据上述公式，空冷阶段辐射换热导致的温降为：

$$T_1 = -\frac{\varepsilon C_0 T^4 S_1 \tau}{C\rho BHL}$$

对流换热导致的温降为：

$$T_2 = \frac{\alpha(T - T_e)S_1\tau}{HBL'\rho gC}$$

空冷阶段下降的总温度为：

$$T' = -\frac{\varepsilon C_0 T^4 S_1 \tau}{C\rho BHL} - \frac{\alpha(T - T_e)S_1 t}{HBL'\rho gC}$$

式中，ε 是辐射率；C_0 是黑体的辐射系数［$5.67\mathrm{W/(m^2 \cdot K^{-4})}$］；$\alpha$ 是强迫表面传热系数［$\mathrm{W/(m^2 \cdot K^{-4})}$］；$t$ 是敞露在空气环境中的时间（s）；C 是材料的比热容［J/(kg·℃)］；ρ 是轧件材料的密度（$\mathrm{kg/m^3}$）；T 是轧件温度（℃）。

4.2.2　条元法建立轧制镁合金板表面温度梯度模型

根据条元法，将体积为 $L \times B \times H$ 的镁合金板模型沿着板宽度方向分为 i 份等长板元，每个板元的宽度为 B/i，取其中 B_{i-1}、B_i 两个相邻的板元进行分析，其中 B_i 为最边部的板元，B_{i-1}为与 B_i 相邻的板元。如图 4-4a 所示，在 xz 平面内，B_{i-1}板元所受到的与空气对流换热及工作环境的热辐射都是属于两向接触状态，且 B_{i-1}板元在轧制过程中能够得到相邻的 B_{i-2}板元和 B_i 板元的热量传递补充，而 B_i 板元位于镁合金板的边部，所受到的与空气对流换热及与工作环境的热辐射属于三向接触状态，B_i 板元在宽度方向上只受到 B_{i-1}板元单向的热量传递。

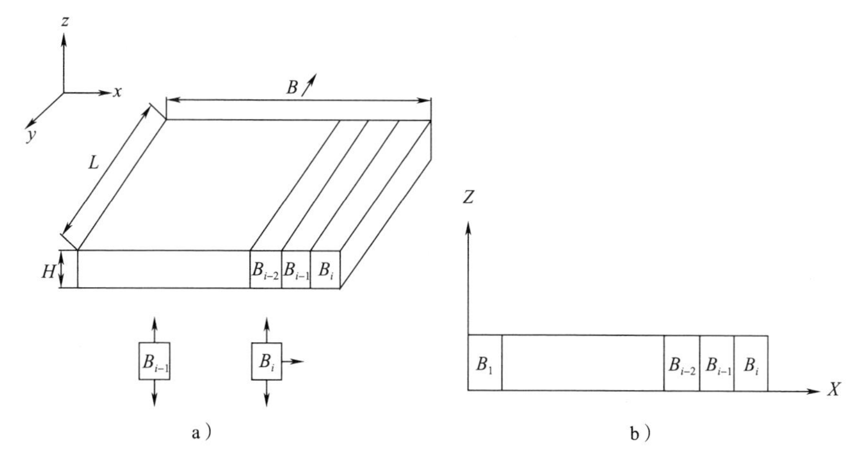

图 4-4　镁合金板划分单元
a) B_{i-1}，B_i 单元散热方向　b) 单元划分

在轧制过程中，B_{i-1}板元的两向宽展受到B_{i-2}和B_i相邻的板元宽展的阻碍作用，而B_i板元在宽展方向上一向受到B_{i-1}板元的阻碍，另一向并没有受到阻碍，所以B_i板元的宽展延伸量要大于B_{i-1}板元的宽展延伸量。

轧制镁合金板存在边部减薄的现象，边部减薄加剧了B_i板元裂纹扩展的发生，所以B_i板元的塑性变形热及同工作环境的辐射换热量比B_{i-1}板元热量要大，同时B_i板元以热传导方式释放出来的热量比B_{i-1}板元大，而位于镁合金板边部的B_i板元还受到裂纹扩展所耗散的能量。因此，在相同的热轧条件下，镁合金板的边部要比中部损耗热量大，温度下降快，当温度降到再结晶温度以下，β-$Mg_{17}(AlZn)_{12}$和长条形孪晶在轧制力作用下就会产生。

如图 4-4b 所示，将镁合金板沿着板宽方向分成 i 个板元，轧制时间 t 分为 n 份，对于第 i 个板元记作 i，t_n 时刻时第 i 个板元的温度记作 $T(i, t_n)$ 或 T_i^n，镁合金板沿着宽度方向的温度场可简化为一维方程，即：

$$\frac{\partial T}{\partial t} = \frac{\lambda}{\rho C}\frac{\partial^2 T}{\partial x^2} + \frac{\bar{q}}{\rho C} \tag{4-13}$$

式中，ρ 是密度（kg/m^3）；C 是比热容 [J/(kg · ℃)]；$\bar{q}$ 是单位时间内单位体积产生的热量（J）；λ 是材料的导热系数。

将温度对时间变化的一阶微商用向后差分法的差商表示，温度对时间变化的二阶微商用中心差商表示，则第 i 个板元在 t_n 时刻的温度变化状态为：

$$\left(\frac{\partial T}{\partial t}\right)_i^n \approx \frac{T_i^n - T_i^{n-1}}{\Delta t} \tag{4-14}$$

$$\left(\frac{\partial^2 T}{\partial x^2}\right)_i^n \approx \frac{(T_{i+1}^n - T_i^n) + (T_i^n - T_{i-1}^n)}{(\Delta x)^2} \tag{4-15}$$

第 i 个板元在 t_{n-1} 时刻至 t_n 时刻的温度变化可根据一维方程写作：

$$\frac{T_i^n - T_i^{n-1}}{\Delta t} = \frac{\lambda}{\rho C}\left(\frac{T_{i+1}^n - 2T_i^n + T_{i-1}^n}{(\Delta x)^2}\right) + \frac{\bar{q}}{\rho C} \tag{4-16}$$

其中，Δt 用 Fourier 数表示为：

$$\Delta t = \frac{F\rho C\,(\Delta x)^2}{\lambda}$$

代入上述一维方程可得：

$$-FT_{i+1}^n + (1 + 2F)T_i^n - FT_{i-1}^n = T_i^{n-1} + \bar{q}F\frac{(\Delta x)^2}{\lambda} \tag{4-17}$$

将上述等式两端同时除以 Fourier 数 F：

$$-T_{i+1}^n + \left(\frac{1}{F} + 2\right)T_i^n - T_{i-1}^n = \frac{1}{F}T_i^{n-1} + \bar{q}\frac{(\Delta x)^2}{\lambda} \tag{4-18}$$

沿着 x 方向最左端面的温度为：

$$-\lambda\frac{\partial T}{\partial x}\Big|_{x=0} = -h(T_0 - T_e) + q_l \tag{4-19}$$

式中，T_e 是环境温度（K）。

将上述方程的微商用中心差分表示：

$$-\frac{T_{l+1}^n - T_{l-1}^n}{2\Delta x} = -h(T_0 - T_e) + q_l \tag{4-20}$$

将 Biot 数 $Bi_l = \frac{\Delta x h_l}{\lambda}$（表示镁合金板表面单位传热面积上的传热热阻与空气环境单位面积上的换热热阻之比）代入（4-20）得：

$$T_0^n = T_2^n - 2Bi_l(T_1^n - T_e) + \frac{2\Delta x}{\lambda}q_l \tag{4-21}$$

根据式（4-21）可写出：

$$-T_2^n+\left(\frac{1}{F}+2\right)T_1^n-T_0^n=\frac{1}{F}T_1^{n-1}+\bar{q}\frac{(\Delta x)^2}{\lambda} \tag{4-22}$$

将式（4-21）代入式（4-22）中，得：

$$\left(Bi_l+1+\frac{1}{2F}\right)T_1^n-T_2^n=\frac{1}{2F}T_1^{n-1}+Bi_lT_e+\bar{q}\frac{(\Delta x)^2}{2\lambda}+q_l\frac{\Delta x}{\lambda} \tag{4-23}$$

同理可写出沿着 x 方向最右端面的温度为：

$$-T_{i-1}^n+\left(Bi_l+1+\frac{1}{2F}\right)T_i^n=\frac{1}{2F}T_{i-1}^n+Bi_lT_e+\bar{q}\frac{(\Delta x)^2}{2\lambda}+\frac{\Delta x}{\lambda}q_r \tag{4-24}$$

将左右两个端面和内部各个横截面处的温度方程联立：

$$\begin{pmatrix} Bi_l+1+\frac{1}{2F} & -1 & & & \\ -1 & \frac{1}{F}+2 & -1 & & \\ & \vdots & \cdots & & \\ & & -1 & \frac{1}{F}+2 & \\ & & -1 & Bi_r+1+\frac{1}{2F} \end{pmatrix}\begin{pmatrix} T[0] \\ T[1] \\ \vdots \\ T[i-2] \\ T[i-1] \end{pmatrix}$$

$$=\begin{pmatrix} \frac{1}{2F}T[0]^{n-1}+Bi_lT_e+\bar{q}\frac{(\Delta x)^2}{\lambda}+\frac{\Delta x}{\lambda}q_l \\ \frac{1}{F}T[1]^{n-1}+\bar{q}\frac{(\Delta x)^2}{\lambda} \\ \vdots \\ \frac{1}{F}T[i-1]^{n-1}+\bar{q}\frac{(\Delta x)^2}{\lambda} \\ \frac{1}{2F}T[i]^{n-1}+Bi_rT_e+\bar{q}\frac{(\Delta x)^2}{\lambda}+\frac{\Delta x}{\lambda}q_r \end{pmatrix}$$

式中，q_l 和 q_r 是左右两个端面的热流密度［$J/(m^2 \cdot s)$］。解上述矩阵方程可得两个端面和中间各个截面的温度值。

第5章 镁合金板轧制轧辊温度的控制研究

5.1 轧制前预热时轧辊温度场的控制研究

5.1.1 轧辊的设计

在金属板材轧制领域，对于镁合金类塑性较差的难变形金属，轧辊与板材间的热传递在轧制过程中比较复杂，轧辊温度分布不均匀。当轧辊的温度控制不合理时，极易出现各种质量缺陷，如轧辊温度过低时，会引起镁合金板边部开裂和板形波浪；轧辊温度过高时又会造成镁合金板粘辊撕裂缺陷。因此，轧制前和轧制过程中必须对轧辊进行预热和温度调控。

目前，对金属板材轧机轧辊加热的方法主要有两种，一种采用外部加热法，即在靠近轧辊表面用加热罩辐射加热，由于轧辊和加热装置同外界的热辐射和热交换的存在，同时为了实现均匀加热，轧辊还要保持运转，因此这种加热方式加热效率低下（现场往往要加热6~7 h）、传热慢、均匀性差且耗能严重；另一种采用内部加热法，即在轧辊辊心安装固定的或随轧辊转动的一根或几根加热棒，然而这种方式只能实现加热，无法实现对轧辊的降温控制，往往还需配合外部冷却装置。

此外，对轧辊降温的方法也主要有两类，其中一类是外部冷却法，即在轧辊辊身表面使用乳液或轧制油来冷却轧辊。但是由于镁合金、钛合金等非铁金属对温度变化敏感，因此外部冷却对轧制变形区金属的温度影响严重，喷洒的乳液或油会使轧件表面产生较大温降，严重影响轧件的质量和性能，同时复合板轧制会使复合界面掺进杂质而影响复合效果，外部冷却的温度也很难及时实现有效控制，因此传统的轧辊降温方法不适合镁合金等非铁金属工业化生产。

根据镁合金等非铁金属的特点，本书作者提出一种采用流体传热来进行轧辊温度调控的方法，并研发设计了一种具有温度控制功能的金属板材轧制设备，它包括机架、上下轧辊、压下装置、平衡装置、联轴器和轧辊抬起装置等，其中还包括温控轧辊装置，温控轧辊装置装在机架上并通过联轴器与动力装置联接。该方法是将轧辊辊身处设计温控油孔，使流体循环流过油孔，如图 5-1所示。由图 5-1 可知，导热油由入口 A 通过旋转接头内管进入轧辊，然后从内管与轧辊的导热油孔间流出，通过出口 B 流回油箱，实现循环加热或冷却的效果，加热和冷却分别有两个油箱，通过伺服阀控制其不同的作用。

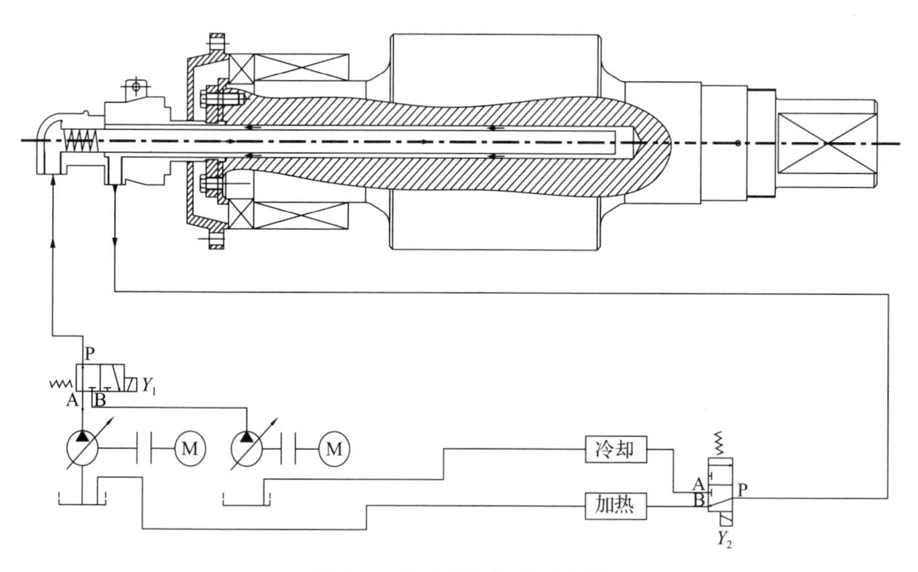

图 5-1　热流体加热轧辊简图

在辊身处钻孔后，其抗弯刚度必定会变小，为了防止由抗弯刚度不足引起一系列问题的出现，所以设计孔时将抗弯强度减小率 M 控制在 8% 以内。

钻孔前的轧辊辊身处的抗弯刚度为 $E\dfrac{\pi D^4}{64}$；

钻孔后轧辊辊身处最小抗弯刚度为 $E\dfrac{\pi D^4-2n\pi d^4-16\pi Qs^2d^2}{64}$；

对于实心轧辊，本文所述轧辊辊身刚度减小量为 $E\left(\dfrac{2n\pi d^4}{64}-Q\dfrac{\pi s^2d^2}{4}\right)$；

抗弯强度减小率为：$M=\dfrac{(2nd^2+16Qs^2)\ d^2}{D^4}\times100\%\leqslant8\%$。

式中，E 是轧辊材料的弹性模量（Pa）；d 是温控油孔的直径（m）；D 是轧辊辊身直径（m）；s 是温控油孔的中心与轧辊横截面中心的距离（m）；n 是温控油孔的数量的一半（温控油孔个数为偶数）。

$Q = \min\left[\sum_{k=0}^{k=2n-1}\left(\sin\left(x+\frac{\pi}{n}k\right)\right)^2\right]$（$k$ 为整数，x 为实数且满足 $-\frac{\pi}{n} \leqslant x \leqslant \frac{\pi}{n}$，$Q$ 值可由数学软件 MATLAB 求得。）

以实验室辊系（$D=320$ mm，$L=350$ mm）为研究对象，求得温控轧辊辊身的温控油孔直径为 48 mm，温控油孔的数量为 1 个，温控油孔均匀设在温控轧辊的横截面上，温控油孔的中心与温控轧辊横截面的中心重合，此时轧辊辊身抗弯强度减小率为 4.528%，符合要求。该温控轧辊装置采用的导热油根据实际使用需求为 L-QD330、L-QD340 或 L-QD350 中的一种，工作温度为 20～300℃。在轧辊辊身的温控油孔中通有温度可控的导热油，由于可以通过控制导热油温度和流量来实现加热或冷却轧辊的目的，因此解决了现有板材轧机存在的加热慢、加热不均匀和温度控制难及轧制的板带材成材率低的技术问题，继而很好地控制轧辊温度以及提高板带轧制的成材率和生产效率。

镁合金板材轧制过程中存在着复杂的热传递过程，比如镁合金板的变形热、摩擦热和与空气之间的对流传热及热辐射；轧辊与镁合金板间的热传导和摩擦热，及与外界的对流传热和热辐射；流体与轧辊间的热传递等，如图 5-2 所示。

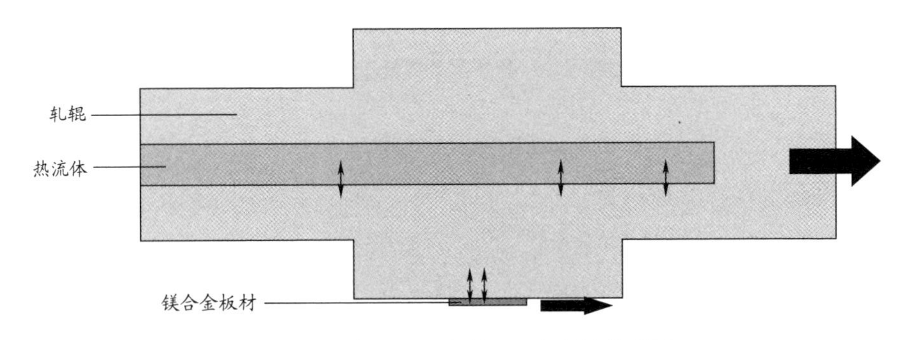

图 5-2　镁合金板材轧制过程中的热传递图

5.1.2　传热解析模型的建立

轧辊温度场的求解方法一般有三种，分别是：解析法、有限元法和有限差分法。解析法只能求解一些简单的导热问题，且需要在一定的假设下进行，很多复杂的导热问题只能通过数值计算得到；有限元法计算量大，一般计算设备要求较高，成本较大；有限差分法运用简单的思维列出各个点上的温度传递式，计算简便且计算精度较高。第二章中已介绍不同的传热计算方法，本模型采用有限差分法来计算轧辊的温度场分布。

5.1.3　有限元模型的建立

1. pro/E 模型建立

根据上述所取轧辊的大小及其计算出的关于温控油孔位置和大小的设计值（即轧辊直径为 320 mm，辊身长为 350 mm，1 个油孔，油孔直径取 48 mm，油孔中心与轧辊中的距离重合），在有限元软件 pro/E 中对温控轧辊及导热油进行建模，如图 5-3a 所示。

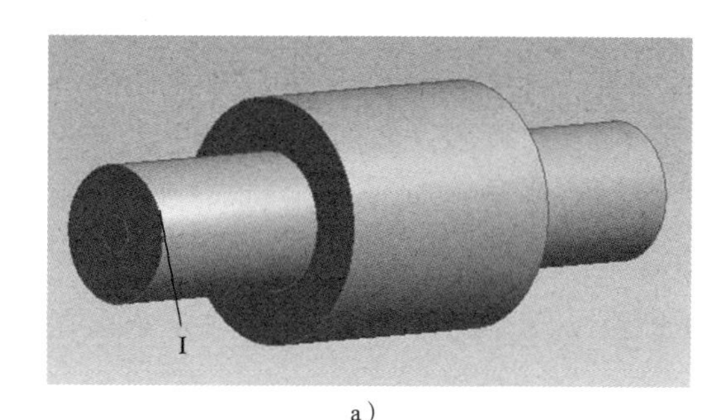

a）

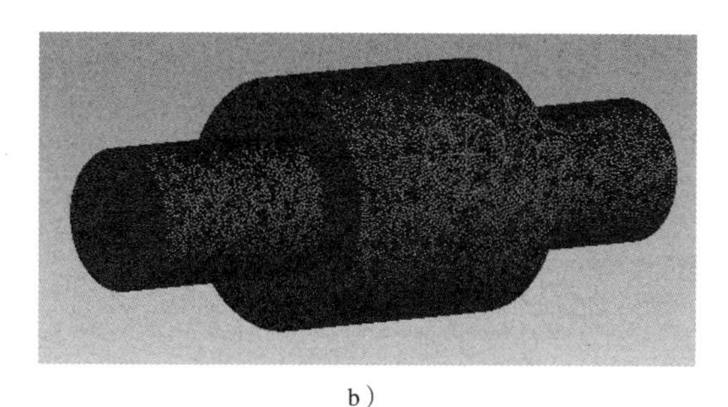

b）

图 5-3　温控工作辊三维有限元模型
a）温控轧辊模型　b）划分好网格的模型

2. fluent 数值模拟

打开 ANSYS14.0 > Workbench14.0 软件，在菜单栏中单击 FLUENT >

Geometry 命令，右键单击，在弹出的菜单中单击 Import > Geometry > Browse... 命令，导入建立好的模型，如图 5-4 所示。

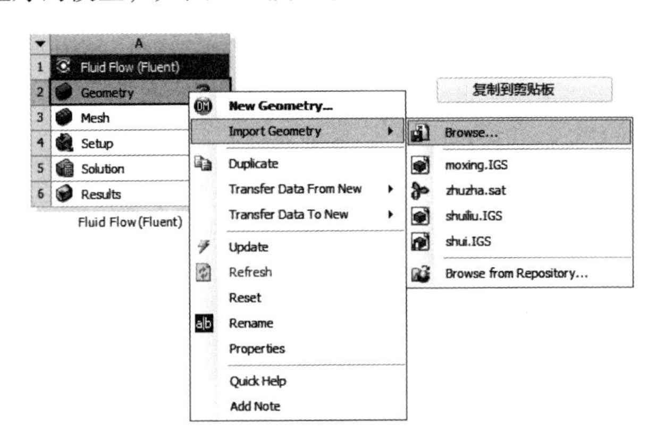

图 5-4　导入模型

单击 Geometry 命令，在弹出的对话框中右键单击，在出现的菜单中单击 Edit Geometry 命令，进入 Design Modeler 窗口，单击 Meter 命令，如图 5-5a 所示。单击 Generate 命令生成模型，如图 5-5b 所示。单击 Select > Selection filterm 命令，如图 5-5c 所示。单击 Bodies > Select all > Form new part 命令，如图 5-5d 所示。将流体部分设置为流体，如图 5-5e 所示。将固体设置为固体，如图 5-5f 所示。设置流体进出口，如图 5-6 所示，关闭 Design Modeler 对话框。

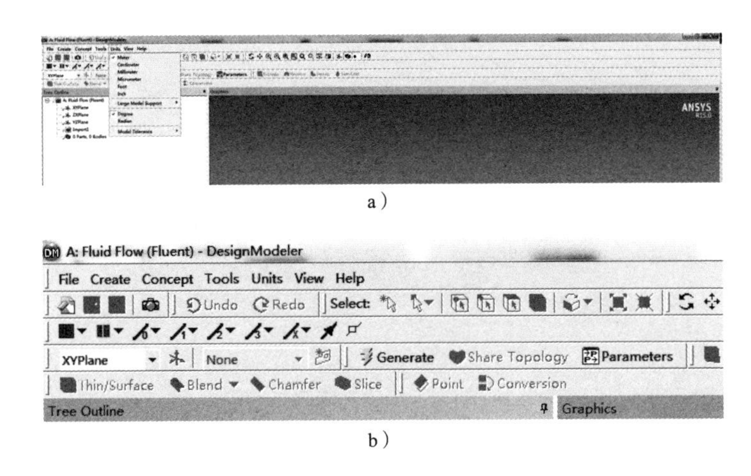

a）

b）

图 5-5　设计建模

a）进入设计建模窗口　b）生成导入模型

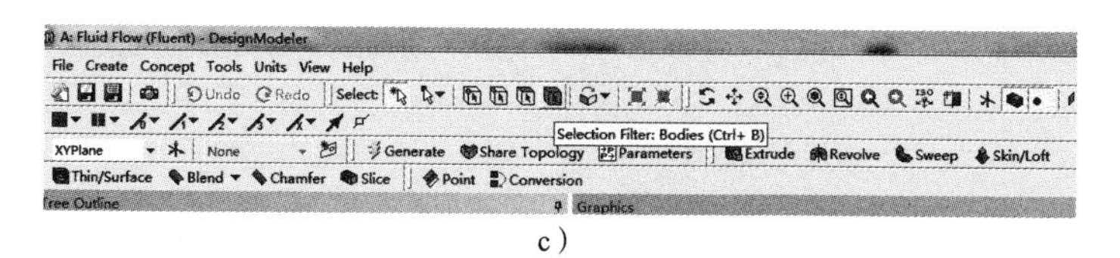

c）

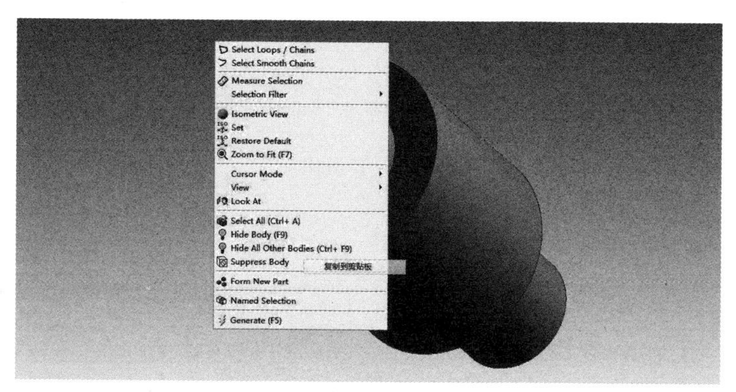

d）

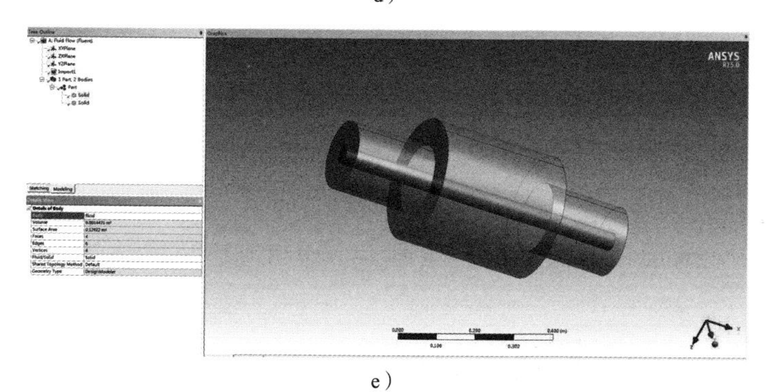

e）

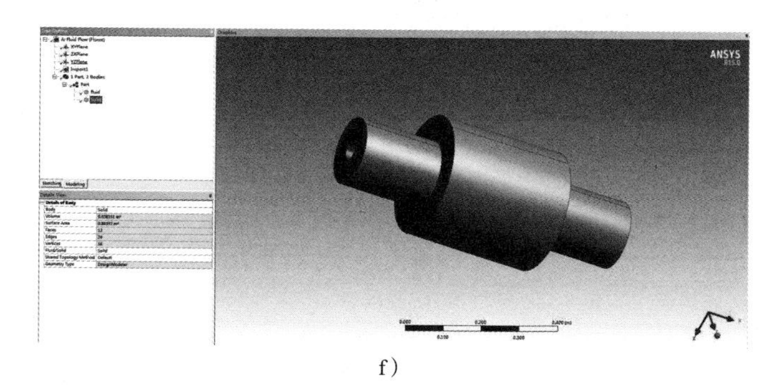

f）

图 5-5　设计建模（续）

c）导入所有模型　d）生成一个整体　e）设置流体部分　f）设置固体部分

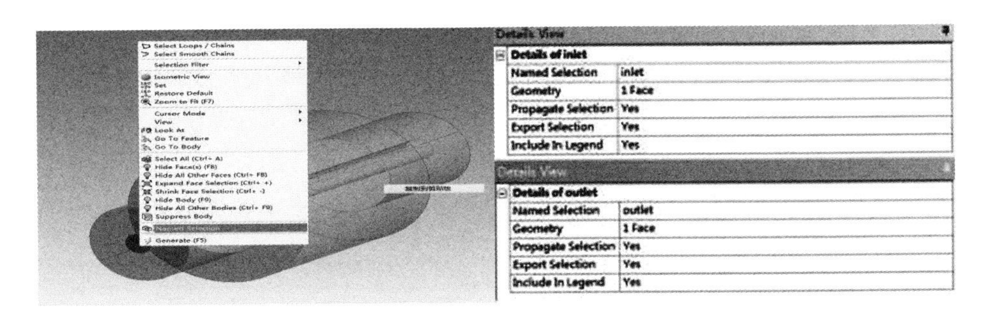

图 5-6　设置进出口面

单击 Mesh 命令，在 Mesh 对话框中右键单击，在出现的菜单中单击 Edit…命令，如图 5-7a 所示，对模型进行网格划分。综合考虑计算的时间和精确度，确定网格的最大值为“5^{-3}mm”，最小值为“5^{-4}mm”，由于导热油在流动过程中存在黏性，所以设置流体边界层为 5 层，成长率设为“1.10”，如图 5-7b 所示，划分好网格的模型如图 5-7c 所示，关闭 Mesh 对话框。

单击 Setup 命令，在弹出的 Setup 对话框中右键单击，在出现的菜单中单击Edit…命令，如图 5-8a 所示。状态改为“transient”，温度单位改为“K”，流体的状态设为层流态，如图 5-8b 所示。设置轧辊以及导热油的参数，见

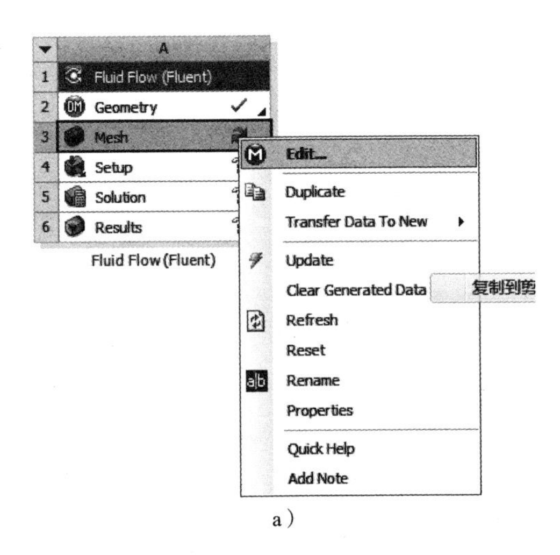

a)

图 5-7　划分网格
a）进入划分网格

Details of "Mesh"	
Sizing	
Use Advanced Size Function	On: Curvature
Relevance Center	Coarse
Initial Size Seed	Active Assembly
Smoothing	Medium
Transition	Slow
Span Angle Center	Fine
Curvature Normal Angle	Default (18.0 °)
Min Size	3.e-003 m
Max Face Size	Default (4.5813e-002 m)
Max Size	.004
Growth Rate	1.10
Minimum Edge Length	7.5398e-002 m
Inflation	
Use Automatic Inflation	None
Inflation Option	Smooth Transition
Transition Ratio	0.272
Maximum Layers	5
Growth Rate	1.2
Inflation Algorithm	Pre

b）

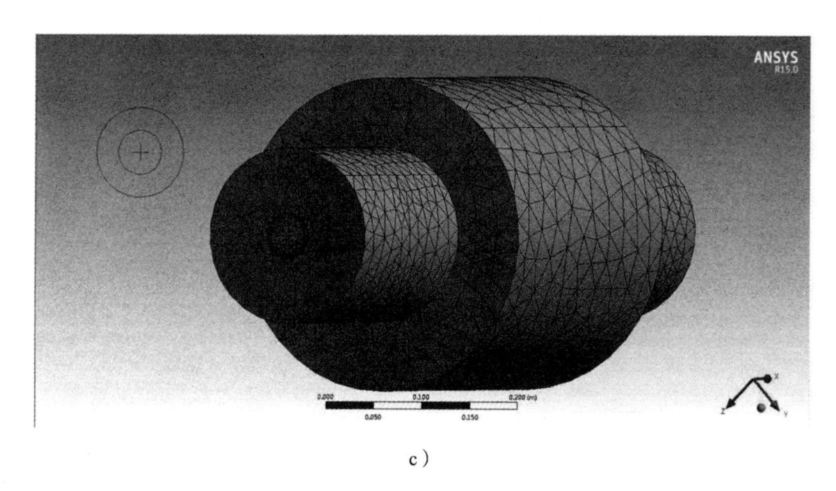

c）

图 5-7　划分网格（续）

b）设置网格大小　c）划分好的网格图

表 5-1，轧辊的初始温度为 20℃。对导热油速度分别在 0. 08 m/s、0. 12 m/s、0. 16 m/s、0. 20 m/s 时的传热过程和温度分别在 100℃、125℃、150℃、175℃时的传热过程共进行 16 组数值模拟。不同温度下导热油的物理性质参数见表 5-1，轧辊的物理性质参数见表 5-1。

a）

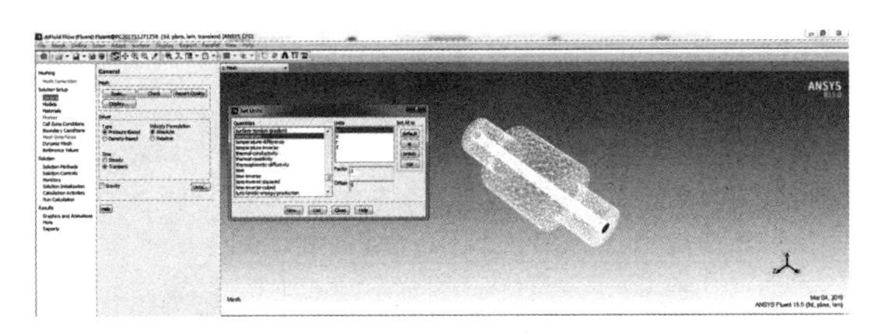

b）

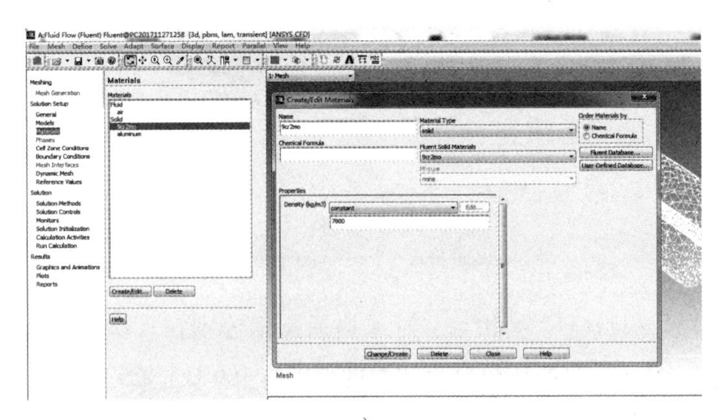

c）

图 5-8　参数设置

a）进入参数设置对话框　b）设置流体状态及温度单位　c）设置轧辊参数

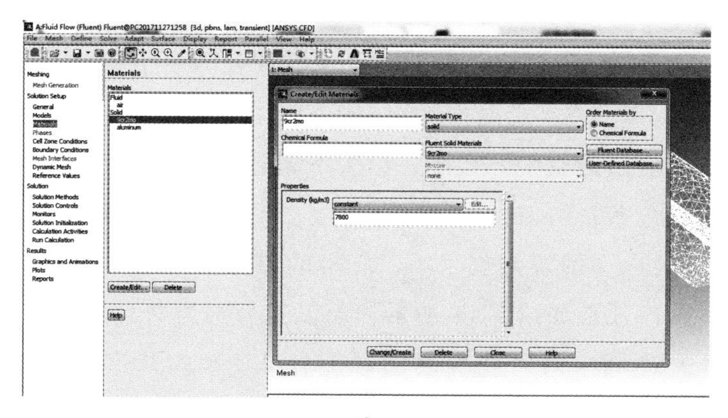

d）

图 5-8　参数设置（续）

d）设置导热油参数

表 5-1　轧辊以及导热油的物理性质参数

材料	密度 /(kg/m³)	比热容 /(kJ/kg)	热导率 /[W/(m · ℃)]	温度/℃	运动黏度 /(10^{-6}m²/s)
轧辊	7800	0.86	49.8	/	/
导热油	863.7	1777	0.139	20	71.2
	811.9	2179	0.130	125	2.5
	799.5	2275	0.128	150	1.83
	787.2	2371	0.126	175	1.58
	774.8	2467	0.124	200	1.49

5.1.4　预热过程中轧辊温度场的变化

在轧辊辊身方向平均取 8 个点，在辊身与辊颈过渡接触的地方，沿着轧辊两边径向方向平均取 4 个点，共 12 个点，如图 5-9 所示，对其在不同流速不

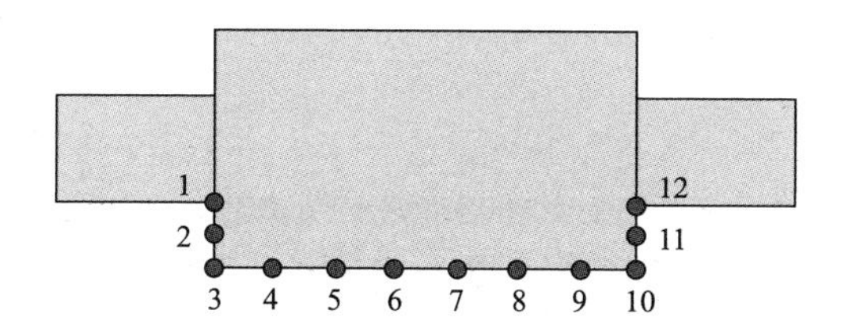

图 5-9　轧辊不同位置的取点

同温度下的温度变化进行模拟分析。

轧辊上的点在流体温度为100℃时不同流速下的轧辊温度变化如图5-10所示，点的温度随时间呈上升趋势，上升的斜率越来越小。轧辊在轴向方向上的点的温度差很小，最大不超过3℃，说明轧辊表面温度在轴向方向上的分布很均匀，在径向方向上，点1的温度与点3的温度差为2℃，说明在径向上的温差也很小，轧辊的温度分布整体很均匀。不同流速下的轧辊温度比较如图5-11所示，当流速分别为0.08 m/s、0.12 m/s、0.16 m/s、0.20 m/s时，轧辊表面温度在2.5 h内从室温上升至65℃、71℃、75℃、78℃。

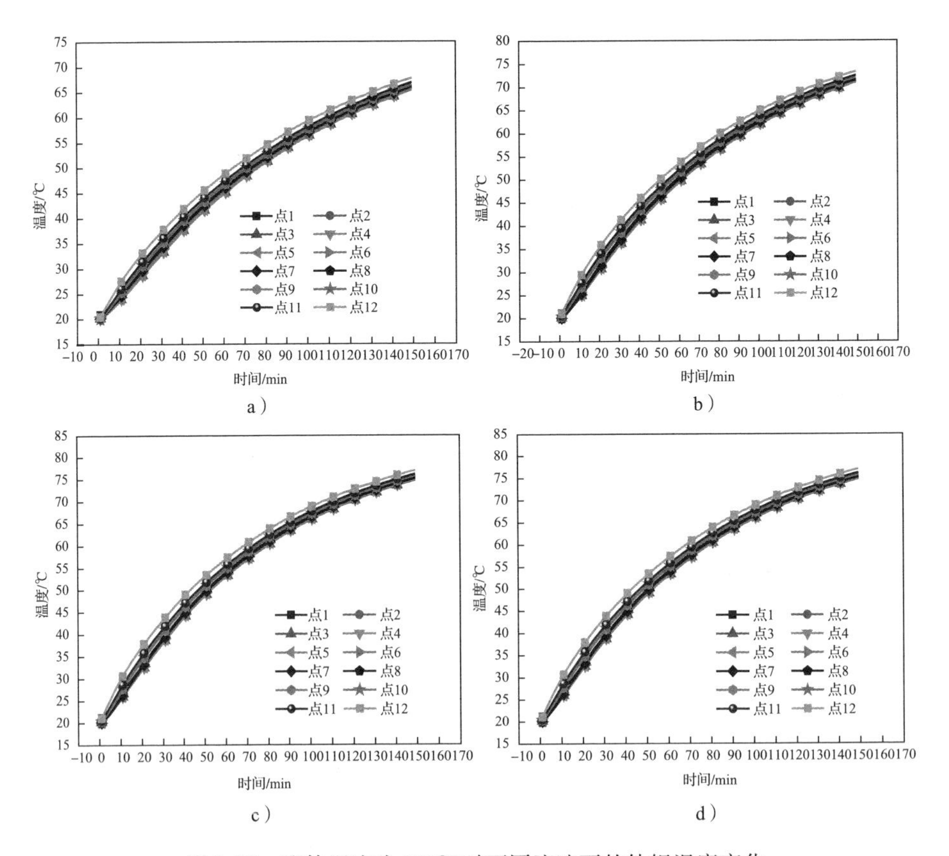

图5-10　流体温度为100℃时不同流速下的轧辊温度变化

a) v=0.08 m/s　b) v=0.12 m/s　c) v=0.16 m/s　d) v=0.20 m/s

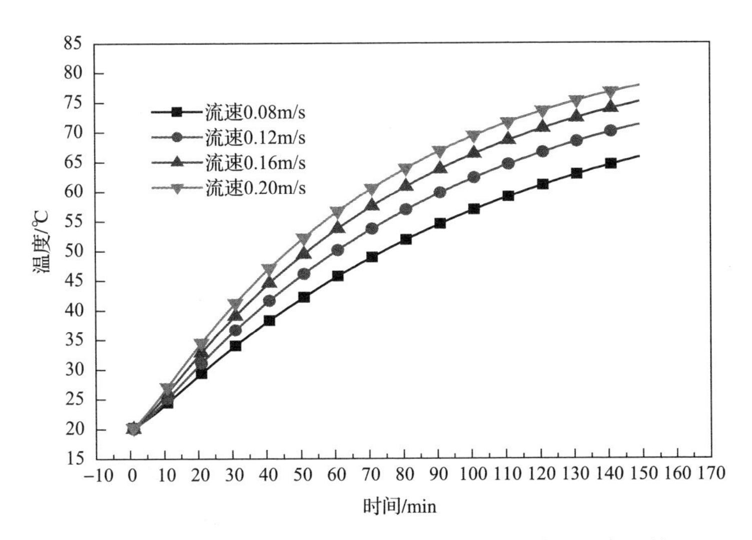

图 5-11　流体温度为 100℃时不同流速下的轧辊温度比较

对导热油在 100℃时不同流速下的轧辊温度变化进行关系拟合，如下所示：

$$
\begin{cases}
T = 18.57 + 63.92\left[1 - \exp\left(-\dfrac{t}{110.5}\right)\right] & v = 0.08\text{m/s} \\
T = 17.95 + 67.18\left[1 - \exp\left(-\dfrac{t}{93.86}\right)\right] & v = 0.12\text{m/s} \\
T = 17.83 + 68.80\left[1 - \exp\left(-\dfrac{t}{82.93}\right)\right] & v = 0.16\text{m/s} \\
T = 17.92 + 69.68\left[1 - \exp\left(-\dfrac{t}{75.47}\right)\right] & v = 0.20\text{m/s}
\end{cases}
$$

轧辊上的点在流体温度为 125℃时不同流速下的轧辊温度变化如图 5-12 所示，点的温度随时间呈上升趋势，上升的斜率越来越小。轧辊在轴向方向上的点的温度差很小，最大不超过 4℃，说明轧辊表面温度在轴向方向上的分布很均匀，在径向方向上，点 1 的温度与点 3 的温度差为 3℃，说明在径向上的温差也很小，轧辊的温度分布整体很均匀。

不同流速下的轧辊温度比较如图 5-13 所示，当流速分别为 0.08 m/s、0.12 m/s、0.16 m/s、0.20 m/s 时，轧辊表面温度在 2.5 h 内从室温上升至 79℃、86℃、91℃、95℃，随着流速的增大轧辊温升变快。

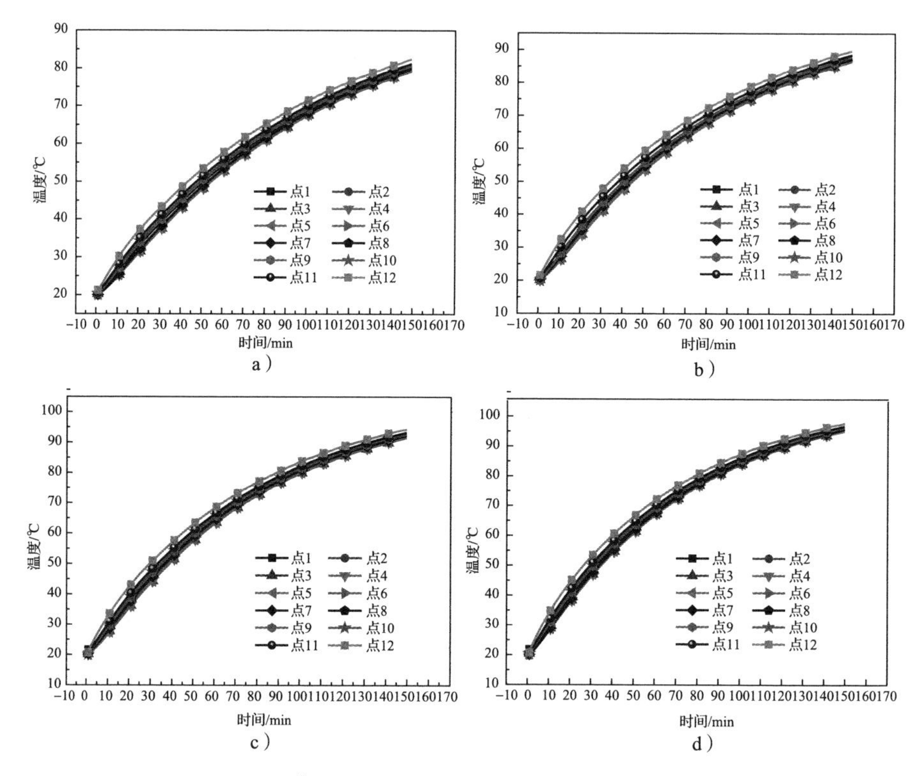

图 5-12 流体温度为 125℃时不同流速下的轧辊温度变化
a）v=0.08 m/s b）v=0.12 m/s c）v=0.16 m/s d）v=0.20 m/s

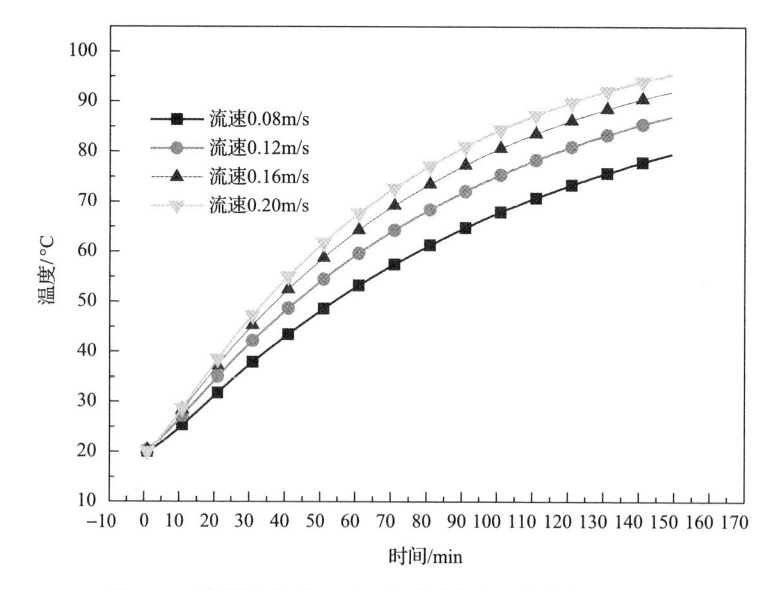

图 5-13 流体温度为 125℃时不同流速下的轧辊温度比较

对导热油在 125℃ 时不同流速下的轧辊温度变化进行关系拟合，如下所示：

$$
\begin{cases}
T = 17.72 + 84.00\left[1 - \exp\left(-\dfrac{t}{111.37}\right)\right] & v = 0.08\ \text{m/s} \\
T = 17.82 + 86.92\left[1 - \exp\left(-\dfrac{t}{93.29}\right)\right] & v = 0.12\ \text{m/s} \\
T = 17.60 + 89.24\left[1 - \exp\left(-\dfrac{t}{82.59}\right)\right] & v = 0.16\ \text{m/s} \\
T = 13.77 + 91.70\left[1 - \exp\left(-\dfrac{t}{75.80}\right)\right] & v = 0.20\ \text{m/s}
\end{cases}
$$

轧辊上的点在流体温度为 150℃ 时不同流速下的轧辊温度变化如图 5-14 所示，点的温度随时间呈上升趋势，上升的斜率越来越小。轧辊在轴向方向上的点的温度差很小，最大不超过 3℃，说明轧辊表面温度在轴向方向上的分布很均匀，在径向方向上，点 1 的温度与点 3 的温度差为 4℃，说明在径向上的温差也很小，轧辊的温度分布整体很均匀。

不同流体速度下的轧辊温度比较如图 5-15 所示，当流速分别为 0.08 m/s、0.12 m/s、0.16 m/s、0.20 m/s 时，轧辊表面温度在 2.5 h 内从室温上升至 93℃、102℃、108℃、113℃。

对导热油在 150℃ 时不同流速下的轧辊温度变化进行关系拟合，如下所示：

$$
\begin{cases}
T = 17.66 + 102.72\left[1 - \exp\left(-\dfrac{t}{110.63}\right)\right] & v = 0.08\ \text{m/s} \\
T = 16.83 + 107.92\left[1 - \exp\left(-\dfrac{t}{93.74}\right)\right] & v = 0.12\ \text{m/s} \\
T = 16.66 + 110.64\left[1 - \exp\left(-\dfrac{t}{82.83}\right)\right] & v = 0.16\ \text{m/s} \\
T = 16.03 + 113.18\left[1 - \exp\left(-\dfrac{t}{75.84}\right)\right] & v = 0.20\ \text{m/s}
\end{cases}
$$

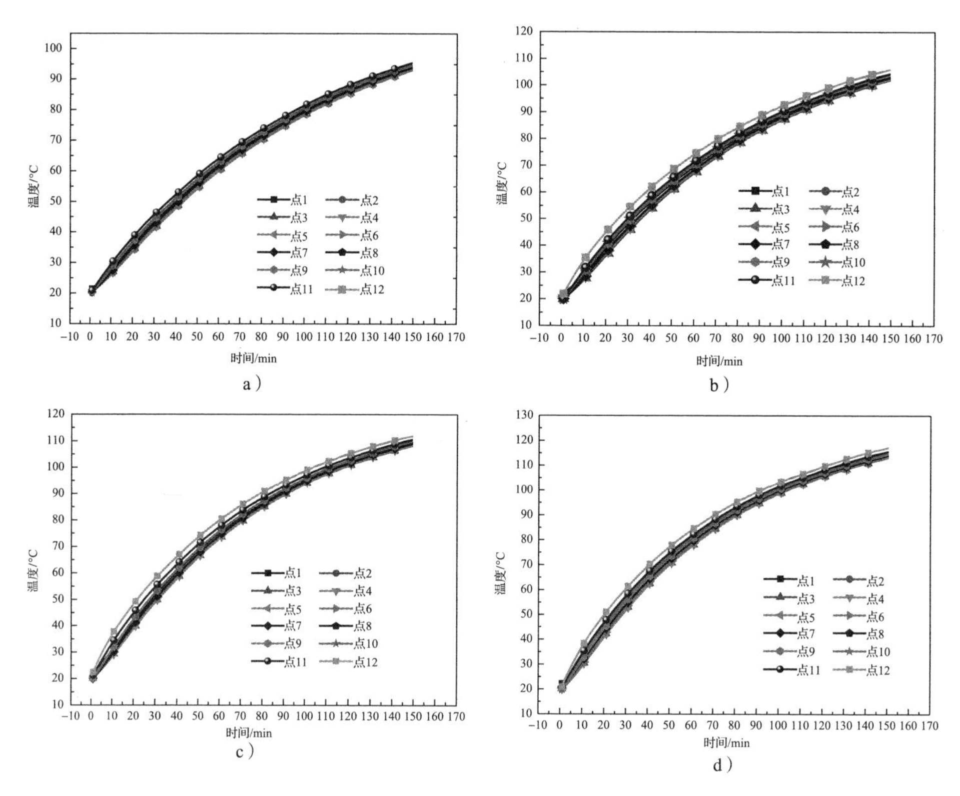

图 5-14　流体温度为 150℃时不同流速下的轧辊温度变化

a）v = 0.08 m/s　b）v = 0.12 m/s　c）v = 0.16 m/s　d）v = 0.20 m/s

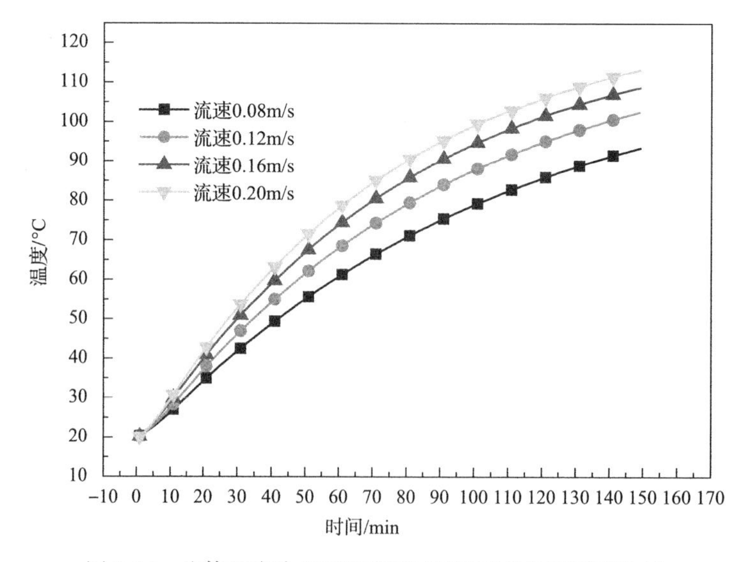

图 5-15　流体温度为 150℃时不同流速下的轧辊温度比较

轧辊上的点在流体温度为175℃时不同流速下的轧辊温度变化如图5-16所示，点的温度随时间呈上升趋势，上升的斜率越来越小。轧辊在轴向方向上的点的温度差很小，最大不超过4℃，说明轧辊表面温度在轴向方向上的分布很均匀，在径向方向上，点1的温度与点3的温度差为5℃，说明在径向上的温差也很小，轧辊的温度分布整体很均匀。

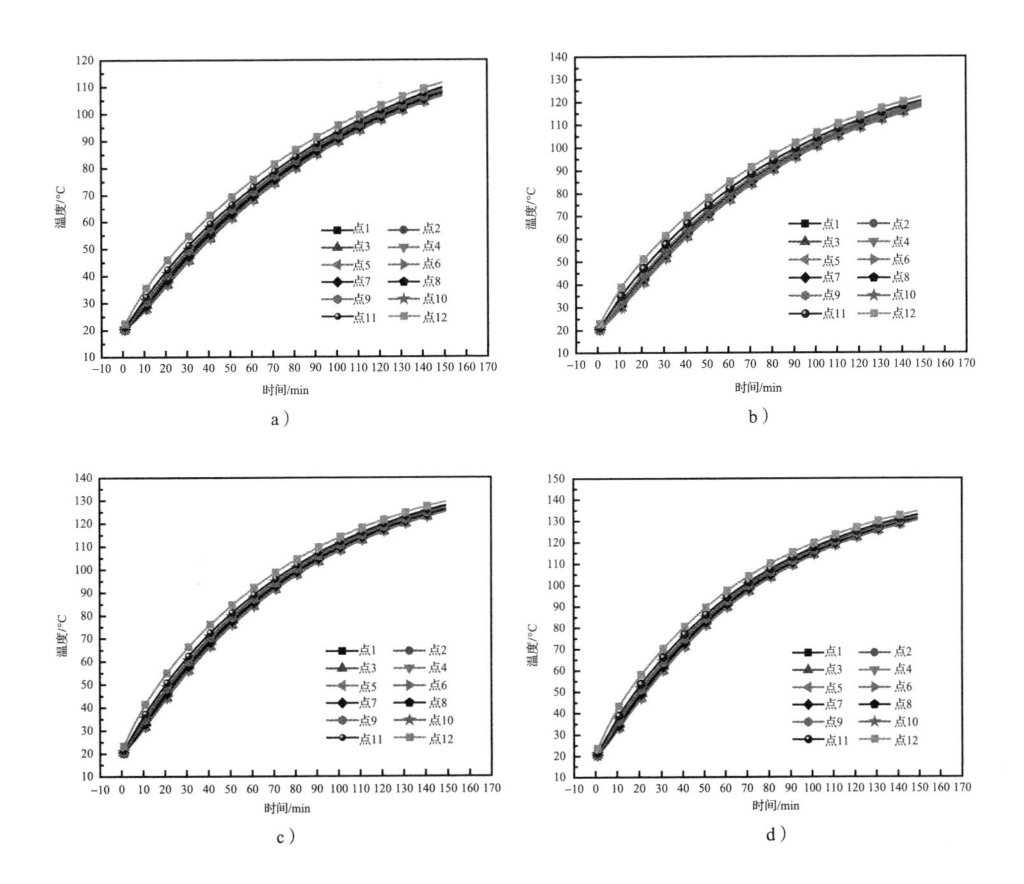

图5-16　流体温度为175℃时不同流速下的轧辊温度变化

a）v=0.08 m/s　b）v=0.12 m/s　c）v=0.16 m/s　d）v=0.20 m/s

不同流体速度下的轧辊温度比较如图5-17所示，当流速分别为0.08 m/s、0.12 m/s、0.16 m/s、0.20 m/s时，轧辊表面温度在2.5 h内从室温上升至107℃、118℃、125℃、130℃。

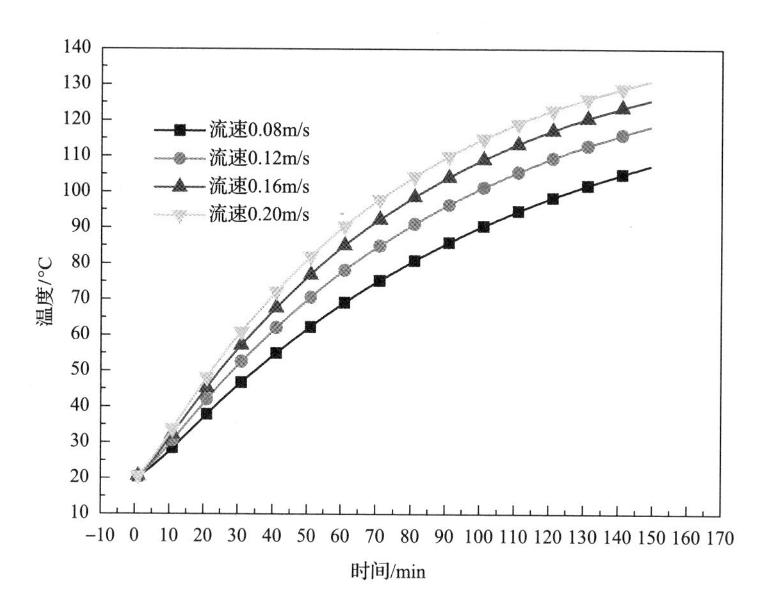

图 5-17　流体温度为 175℃时不同流速下的轧辊温度比较

对导热油在 150℃时不同流速下的轧辊温度变化进行关系拟合，如下所示：

$$
\begin{cases}
T = 17.20 + 122.12\left[1 - \exp\left(-\dfrac{t}{110.64}\right)\right] & v = 0.08\ \mathrm{m/s} \\
T = 16.79 + 127.56\left[1 - \exp\left(-\dfrac{t}{93.31}\right)\right] & v = 0.12\ \mathrm{m/s} \\
T = 16.46 + 131.06\left[1 - \exp\left(-\dfrac{t}{82.61}\right)\right] & v = 0.16\ \mathrm{m/s} \\
T = 16.22 + 133.48\left[1 - \exp\left(-\dfrac{t}{75.39}\right)\right] & v = 0.20\ \mathrm{m/s}
\end{cases}
$$

当流体流速为 0.2 m/s 时，流体温度分别为 100℃、125℃、150℃、175℃下轧辊温度的变化如图 5-18 所示。当不同温度下的流体加热轧辊 1 h 后，轧辊表面温度分别为 77℃、95℃、113℃、130℃，对比不同流速下和不同温度下的流体加热，得到温度的影响远远大于速度的影响。

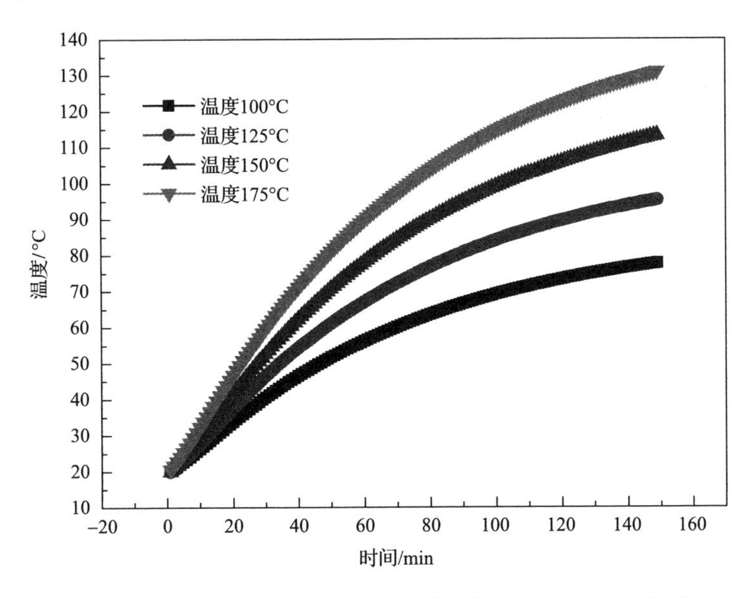

图 5-18　流体流速为 0.2 m/s 时不同导热油温度下的轧辊温度

5.2　轧制过程中轧辊温度场的控制研究

5.2.1　镁合金板轧制过程的传热模型

镁合金板在实际的轧制过程中，热量的传递极其复杂。求解轧辊温度场的关键是对轧辊复杂边界条件的处理，由于本设计是为对轧辊内部进行温控设计做准备，所以忽略掉外部冷却水对它的影响。在辊身方向划分为与镁合金板的接触区 Z5 和非接触区 Z6 两部分，接触区包括轧制区 Z1 的热传递；镁合金板刚轧制出时辐射区 Z2；镁合金板进入轧制前的辐射区 Z4；在辐射区 Z2 和 Z4 之间的散热区 Z3；与外界进行热对流和辐射散热的非轧制区 Z5，如图 5-19 所示。

5.2.2　轧制区域的传热行为

轧辊与镁合金板在轧制区 Z1 时的接触传热比较复杂，包括由于摩擦产生的摩擦热传递以及镁合金板本身的温度与由于变形热产生的温升对轧辊的热传

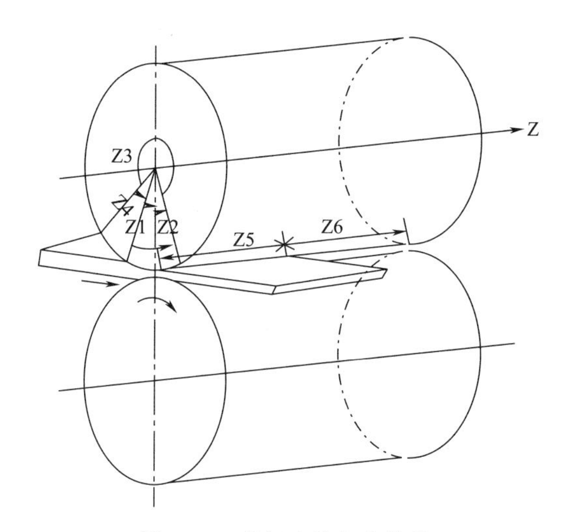

图 5-19　轧辊上的各个传热区

递，因此镁合金板由于变形产生的温升为：

$$\Delta t = \frac{1}{\rho_m C_m} \sigma_m \ln\beta \tag{5-1}$$

式中，ρ_m 是镁合金板密度（kg/m^3）；C_m 是轧辊比热容［J/(kg · ℃)］；σ_m 是镁合金板屈服压力（MPa）；β 是镁合金板的压缩比。

镁合金板与该轧辊之间的表面传热系数为：

$$h_s = 3.495 \times 104 - 7.147 \times 10 - 3 \times \exp(0.0146T)$$

本文换热边界条件为：

$$-\lambda \frac{\partial u}{\partial \boldsymbol{n}} = h_s(u_s + \Delta t - u_w) + \frac{2}{3} q_f \tag{5-2}$$

式中，λ 是导热系数；$\boldsymbol{n}$ 是轧辊表面通过该点的法向单位矢量，即温度升高的方向；u_s 为镁合金板的表面温度（℃）；u_w 是轧辊的表面温度（℃）；Δt 是镁合金板变形温升（℃）；q_f 是摩擦热流密度［J/(m^2 · s)］。

镁合金板进入轧制区之前及镁合金板刚轧制出时，轧辊辐射区 Z2 和 Z4 受到镁合金板的辐射热，热辐射热流密度为：

$$q = -h_s(T - u_w) \tag{5-3}$$

式中，T 是镁合金板的表面温度（℃）。

采用与外界空气对流和大空间辐射换热综合边界条件，即

$$-\lambda \frac{\partial u}{\partial n} = h_f(u_w - u_\infty) + \varepsilon_f\sigma_0[(u_w + 273)^4 - (u_\infty + 273)^4] \quad (5\text{-}4)$$

式中，h_f 是轧辊表面与外界空气之间的表面传热系数［J/(m^2·s)］；u_∞ 是轧辊周围空气的温度（℃）；ε_f 是轧辊的辐射率；σ_0 是 Stenfan Boltzmann 常数。

5.2.3　有限元模拟

在 pro/E 中对镁合金板材和轧辊模型进行建模，保存为 .stl 格式，导入 deform 软件中，模拟镁合金板材（200 mm×12 mm）的轧制过程。设置轧辊的材料为 9Cr1Mo steel，网格数为 32000。设置镁合金板时导入已编辑的镁合金材料文件，网格数也是 32000。设置轧辊的温度为 100℃，镁合金板的温度为 350℃，环境温度为 20℃，与环境的表面传热系数为 0.001W/(m^2·℃)，轧辊与镁合金板之间摩擦因数为 0.35，表面传热系数为 10W/(m^2·℃)，轧辊的速度为 2 m/s，压下量为 4 mm，如图 5-20 所示。

图 5-20　轧制开始前的模型图

在轧辊表面接触区取四个点 a_1、b_1、c_1、d_1，如图 5-21 所示，这四点的温度随时间的变化如图 5-22 所示。可以看出接触区点的温度随时间成阶段性上升趋势，进入轧制区时温度骤然升高，轧出后温度逐渐下降，再次进入轧制时温度再次升高，依次循环。

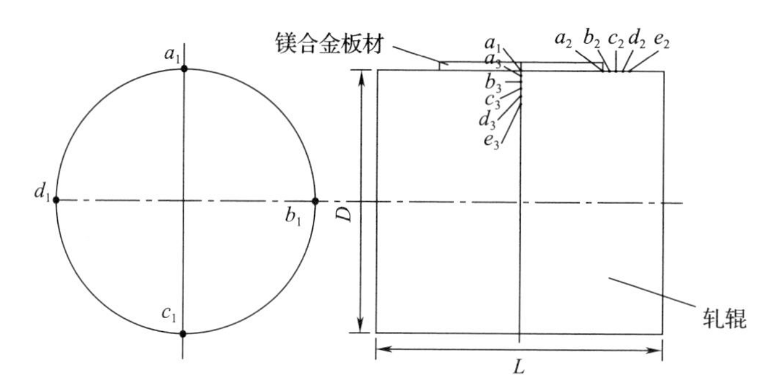

图 5-21　轧辊上各点的位置

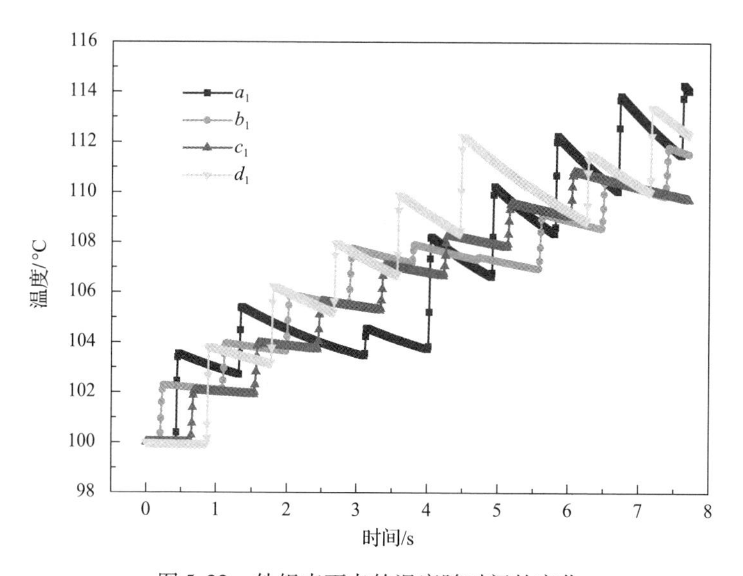

图 5-22　轧辊表面点的温度随时间的变化

轧制 7 圈后，轧辊轧制区的最高温度达到 114℃，平均温度为 112℃，温升都集中在接触区，且轧辊温度在接触区分布比较均匀，如图 5-23 所示。

轧辊表面的平均温度随轧制的圈数变化如图 5-24 所示，得出其关系式为：

$$T = 107.16 - 4.97\exp\left(-\frac{n}{1.88}\right) - 2.38\exp\left(-\frac{n}{2.92}\right) \tag{5-5}$$

轧辊轧制 7 圈后，轧辊表面的等温线分布如图 5-25 所示。可以很直观地看到此时轧辊的温度在轴向和径向两个方向的分布情况，无论是轴向还是径向，离轧辊表面由近到远，等温线由密变疏，越靠近轧辊内部传热越慢。

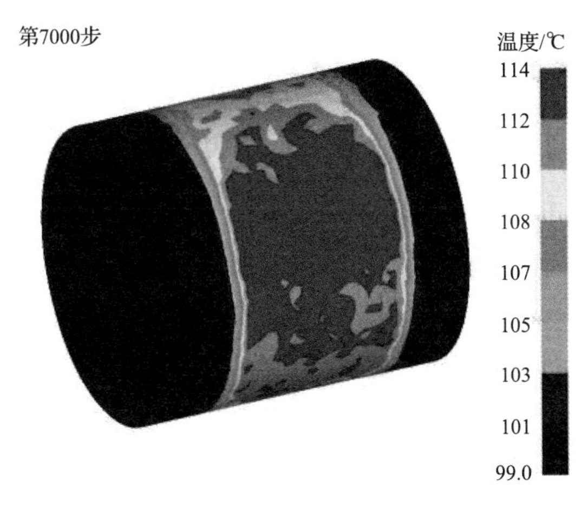

图 5-23　轧制 7 圈后，轧辊表面的温度场分布

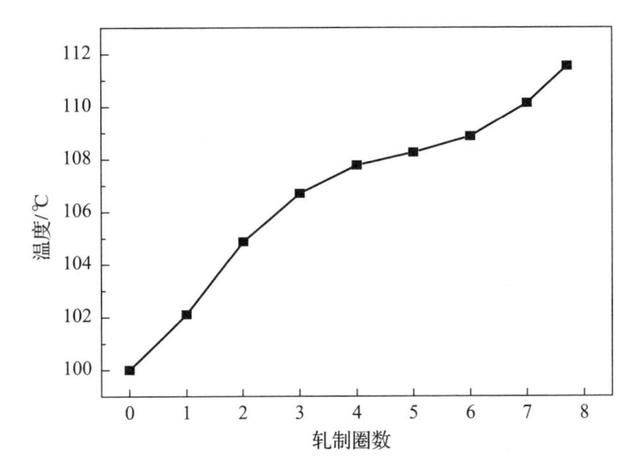

图 5-24　轧辊表面温度随轧制圈数的变化

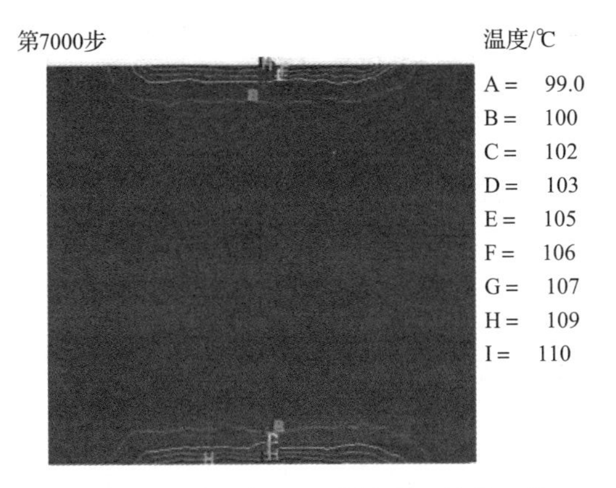

图 5-25　轧制 7 圈后，轧辊表面的等温线

取轧辊表面某一点，其随着轧制圈数的增加，温度的变化如图 5-26 所示。轧辊的温度在随着轧制圈数的增加而升高，但是温度上升的趋势越来越慢，在散热阶段，温降越来越快。轧辊的温度值随时间变化关系式为 $u_w = 100.72 + 16.98\left[1 - \exp\left(-\frac{t}{6.53}\right)\right]$，通过该关系式可以预测出轧辊在不同轧制时间下的温度值。

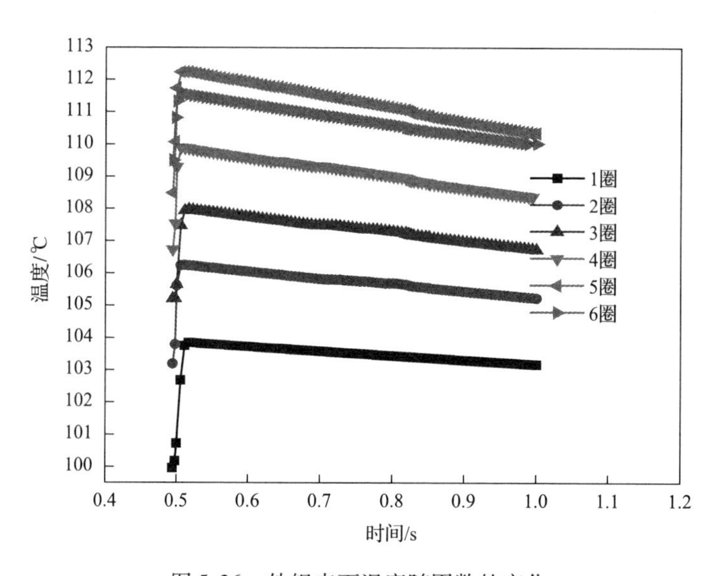

图 5-26　轧辊表面温度随圈数的变化

在轧辊的表面靠近镁合金板边部的距离分别为 0 mm、8 mm、16 mm、24 mm、32 mm 处取五个点：a_2、b_2、c_2、d_2、e_2，如图 5-21 所示。温度随时间的变化趋势如图 5-27 所示。离轧辊表面越近，轧辊温度变化的阶段性越明显，随着距离端部越来越远，轧辊温度变化的阶段性逐渐减弱，且温度升高的趋势越来越缓，在超过 16 mm 时，温度的阶段性变化已消失，轧辊温度只有较缓的上升趋势，当超过 24 mm 时，轧辊的温度会低于原温度 100℃。在轴向方向上轧辊温度下降的趋势由陡变缓，超过 16 mm 时，温度变化很小，可以认为轧辊温度的轴向渗透层在16 mm左右。

在轧辊轴向对称面上取六个点：a_1、a_3、b_3、c_3、d_3、e_3，如图 5-21 所示。其到轧辊表面的距离分别为：0 mm、6 mm、12 mm、18 mm、24 mm、30 mm，各点温度随时间变化如图 5-28 所示。随着距离轧辊表面越远，轧辊温度变化

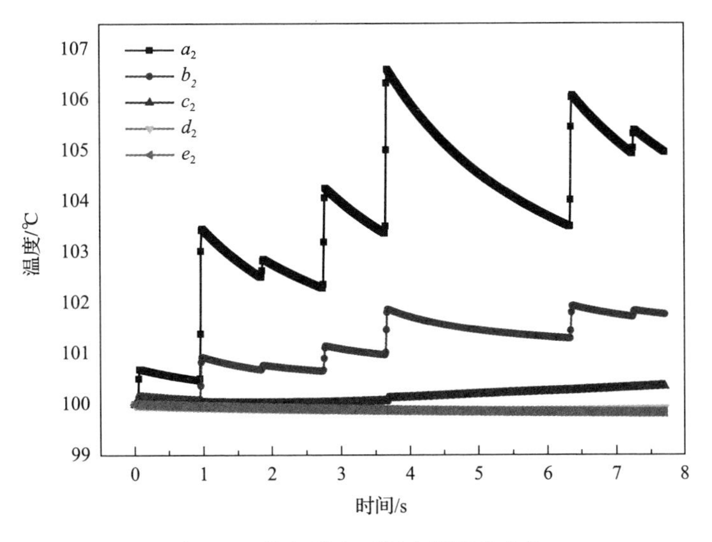

图 5-27　轧辊轴向不同点的温度变化

的阶段性逐渐减弱，超过 6 mm 时，温度的阶段性变化已消失，只有上升趋势，超过 18 mm 时，温度上升趋势很小，可以认为温度的径向渗透层在 18 mm 左右。

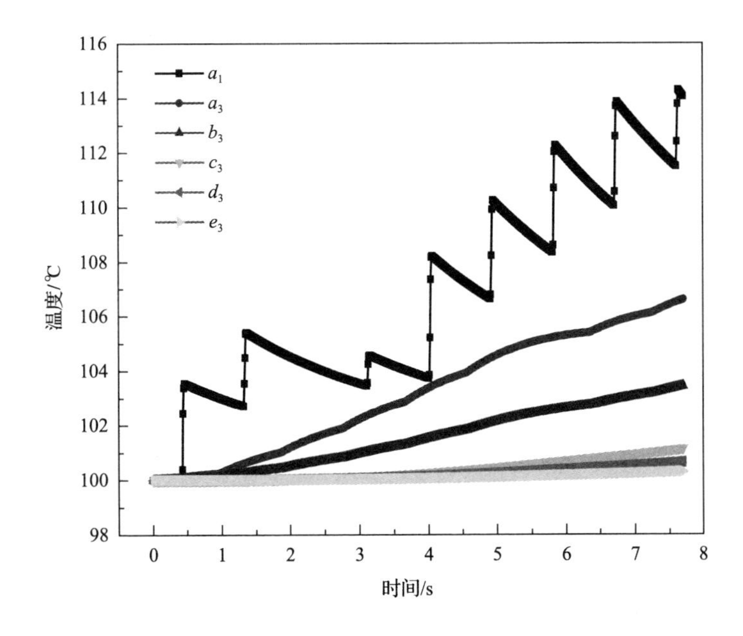

图 5-28　轧辊轴向不同点的温度变化

轧制 7 圈后，轧辊表面温度分布的模拟结果如图 5-29 所示，轧制区平均温度分别为 112℃。由上述结果可得出，轧辊表面的温升主要集中在轧制区内，在轧制区边部温升较低，在轧辊的非轧制区温度开始降低，其靠近轧制区部分温度较高，所以根据温度差的大小将轧辊分为五个区域，即非轧制区左端 M1、非轧制区左端与轧制区连接区 M2、轧制区 M3、轧制区与非轧制区右端连接区 M4、非轧制区域右端 M5，分别对其进行温度控制，这样可以使轧辊温度在轴向方向上保持高度一致，可以降低由温度不均引起的镁合金板板形问题，优化产品质量，提高生产率。

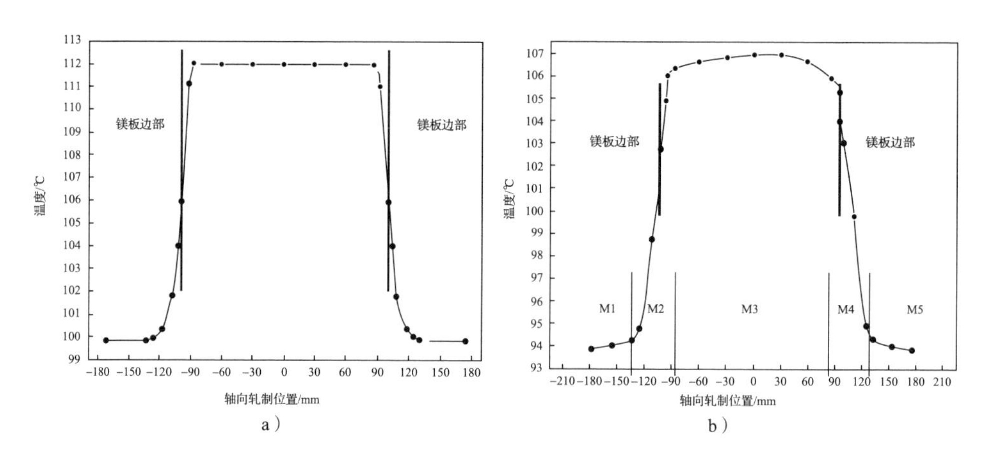

图 5-29　轧辊表面的温度分布

a）模拟值　b）实验值

5.3　轧辊温度场的实验验证

5.3.1　实验设备及方案

实验需要的设备，包括温控轧辊及温度控制系统。由于加工的难度及时间关系将轧辊设计为带有一个温控孔的轧辊，该实验设备主要由三大柱体构成，即轧辊、旋转接头、油箱温度控制机。

实验室轧辊的材料为 9Cr2Mo，轧辊的直径为 320 mm，辊身长为 350 mm，温控油孔的直径为 48 mm，深度为 670 mm，轧辊只有一端辊颈开有油孔，与旋转接头相接，旋转接头在轧辊内部通有管道可以使流体流经整个轧辊辊身，另一端有两个接口，其中一处为导热油入口，另一处为导热油出口，通过通油软管与油箱温度控制机连接，使得流体可以循环流动经过轧辊来控制轧辊温度，如图 5-30 所示。

图 5-30　轧辊图

油箱温度控制机如图 5-31 所示，图 5-31a 为控制机的操作面板，可以设定预加热的温度值，PV 为此刻内部流体实际温度值，SV 为设定的目标温度值，当流体温度被加热过高时，可以进行冷却操作对其降温，在加热或冷却时，面板上会显示其所处状态，当控制机出现超温、缺油、过载等问题时，会有报警器提醒。接通电源，打开开关，使其在室温下进行工作，对设备先进行

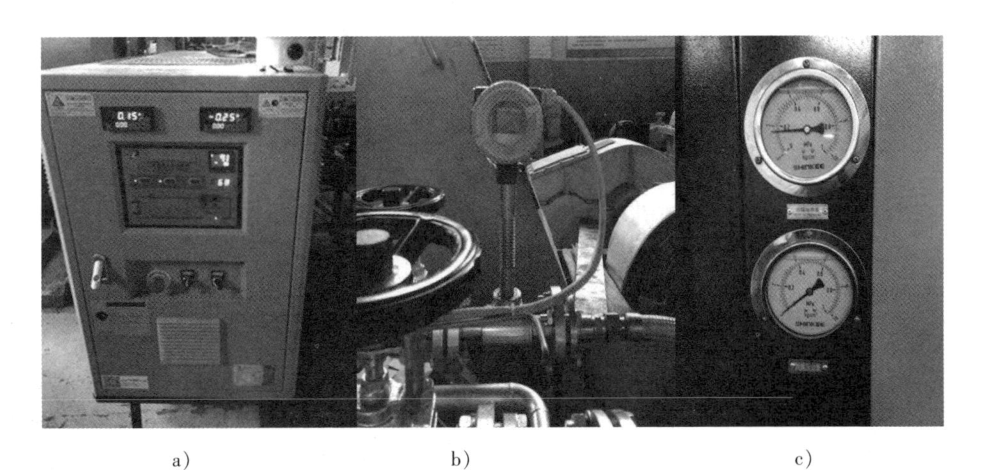

a)　　b)　　c)

图 5-31　油箱温度控制机

a）控制机的操作面板　b）流量计和阀门　c）入口处和出口处的压力表

排气操作，然后将温度调至所需加热的温度值，起动循环，开始进行加热。图5-31b为流量计和阀门，前者显示每时每刻通过管道的流量，最大流量为$5m^3/h$，根据实际要求调节阀门来改变流体流量。阀门分为总阀门、控制流体流入和流出的分阀门，用来控制管道的流量。图5-31c为入口处和出口出的压力表，显示每时每刻出口处和入口处的压力。

装配好的轧辊如图5-32所示，轧辊、旋转接头与油箱温度控制机已连接，构成一个循环回路，由于加工时间的关系，目前轴承座还未完成，所以先只对轧辊轧制前预热的过程进行实验，讨论在预热过程中流体的流量对轧辊温度的影响。

图5-32　轧辊工作图

实验前，将温度控制机进行排气，将冷却水的出口入口阀门打开，将油管的出口入口阀门也开到最大，接通电源。打开控制面板，设定预加热的温度值让其进行自动加热，将加热功率设置到最大，使其在最短时间内上升到设定温度。根据所需的流体流量调节出口阀门，回路阀门始终调到最大，观察轧辊温度在流体的加热下的变化情况。

在轧辊辊身方向平均取8个点，在辊身与辊颈过渡接触的地方，沿着轧辊两边径向方向平均取4个点，共12个点，如图5-33所示。对实验过程设计为四组，流体温度在100℃、125℃、150℃、175℃前提下，轧辊在不同的流速下即流体的流速分别为 0.08 m/s、0.12 m/s、0.16 m/s、0.20 m/s，流量分别为 2 m^3/h、3 m^3/h、4 m^3/h、5 m^3/h 时的温度变化，用热电偶对其进行温度测试并记录，如图 5-34为实验现场实际测试图，分析不同的流速对轧辊温升的影响及其冷却过程中的变化趋势。

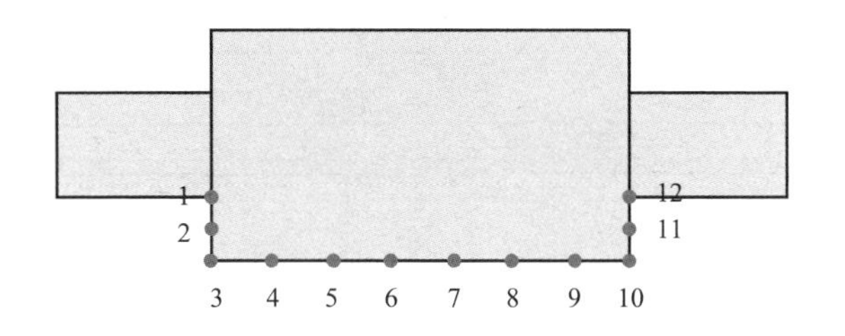

图 5-33　实验取点位置

图 5-34　实际测试图

5.3.2　实验结果

导热油在不同的温度及流速下，其传热效果是不同的。为了更精确地控制轧辊的温度，对不同温度下不同流速的轧辊预热过程进行详细分析。

当导热油温度为 100℃时，其不同流速下不同位置点的轧辊温度变化如图 5-35所示，当导热油加热 110 min 后，轧辊温度以很缓慢的速度升高，可认为基本处于平衡状态，所以当加热 125 min 后停止对其加热，但是由于轧辊内部温度高于轧辊表面温度使得其有一段延长期，即停止加热后，温度不会立即开始下降，而会延续一段时间后才开始慢慢下降，延长的时间随速度的改变基本不变，为 5 min 左右，如图中 M 区。轧辊上的点在径向方向上的温度差，即图 5-33 中点 1 和点 3 的温度差与点 10 和点 12 的温度差最大为 5℃，轧辊上的点在轴向上的温度差即点 3 和点 10 的温度差最大为 4℃，表明采用此方法加热轧辊时表面温度高度均匀。

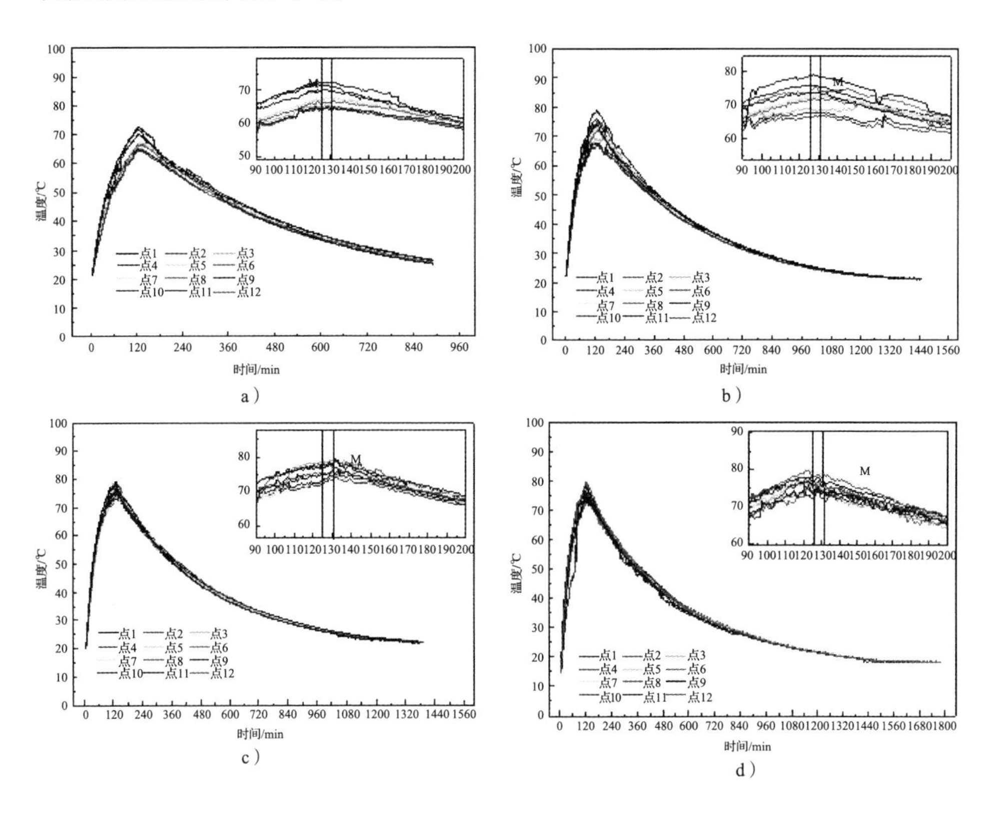

图 5-35　流体温度为 100℃时不同流速下的轧辊温度变化
a）v = 0.08 m/s　b）v = 0.12 m/s　c）v = 0.16 m/s　d）v = 0.20 m/s

在加热阶段，流体的流速对温升的影响不大，温升趋势高度一致，达到稳定时的温度随着流速的增大而升高，流速分别为 0.08 m/s、0.12 m/s、0.16 m/s、0.20 m/s 时，达到稳定时的温度值为 66℃、72℃、74℃、75℃，如图 5-36 所示。停止加热后的降温趋势也高度一致，在空气自然冷却时以斜率越来越小的趋势下降，相同的冷却时间下，速度高时轧辊温度较高。轧辊的温降速度很小，在冷却初期，以每小时下降 10℃ 的速率进行温降，约在 21 h 冷却至常温。

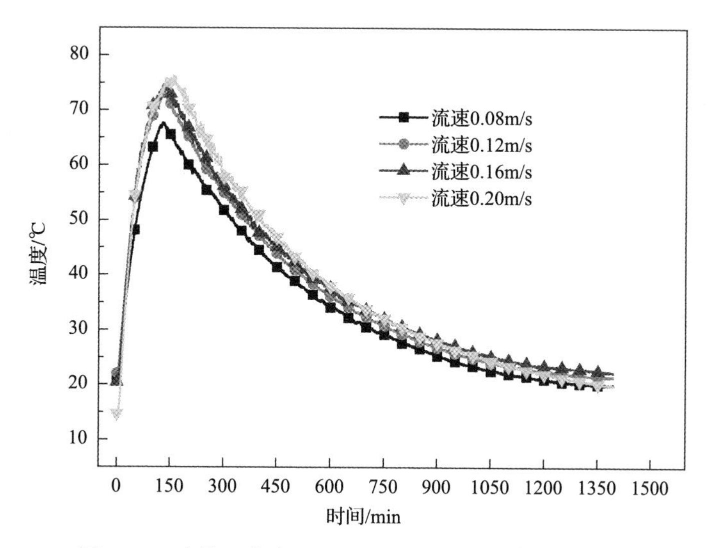

图 5-36　流体温度为 100℃ 不同流速下的轧辊温度比较

当导热油温度为 125℃ 时，其不同流速下不同位置点的轧辊温度变化如图 5-37 所示，当导热油加热 110 min 后，轧辊温度以很缓慢的速度升高，可认为基本处于平衡状态，所以当加热 125 min 后停止对其加热，但是由于轧辊内部温度高于轧辊表面温度使得其有一段延长期，即停止加热后，温度不会立即开始下降，而会延续一段时间后才慢慢下降，延长的时间随速度的改变基本不变，为 7 min 左右，如图中 M 区。轧辊上的点在径向方向上的温度差，即图 5-33 中点 1 和点 3 的温度差与点 10 和点 12 的温度差最大为 7℃，轧辊上的点在轴向上的温度差即点 3 和点 10 的温度差最大为 5℃，表明采用此方法加热轧辊时表面温度高度均匀。

在加热阶段，流体的流速对温升的影响不大，温升趋势高度一致，达到稳定时的温度随着流速的增大而升高，流速分别为 0.08 m/s、0.12 m/s、0.16 m/s、0.20 m/s 时，达到稳定时的温度值为 84℃、90℃、95℃、98℃，如图 5-38 所示。停止加热后的降温趋势也高度一致，在空气自然冷却时以斜率越来越小的趋势下降，相同的冷却时间下，速度高时轧辊温度较高。轧辊的温降速度很小，在冷却初期，以每小时下降 10℃ 的速率进行温降，约在 21 h 冷却至常温。

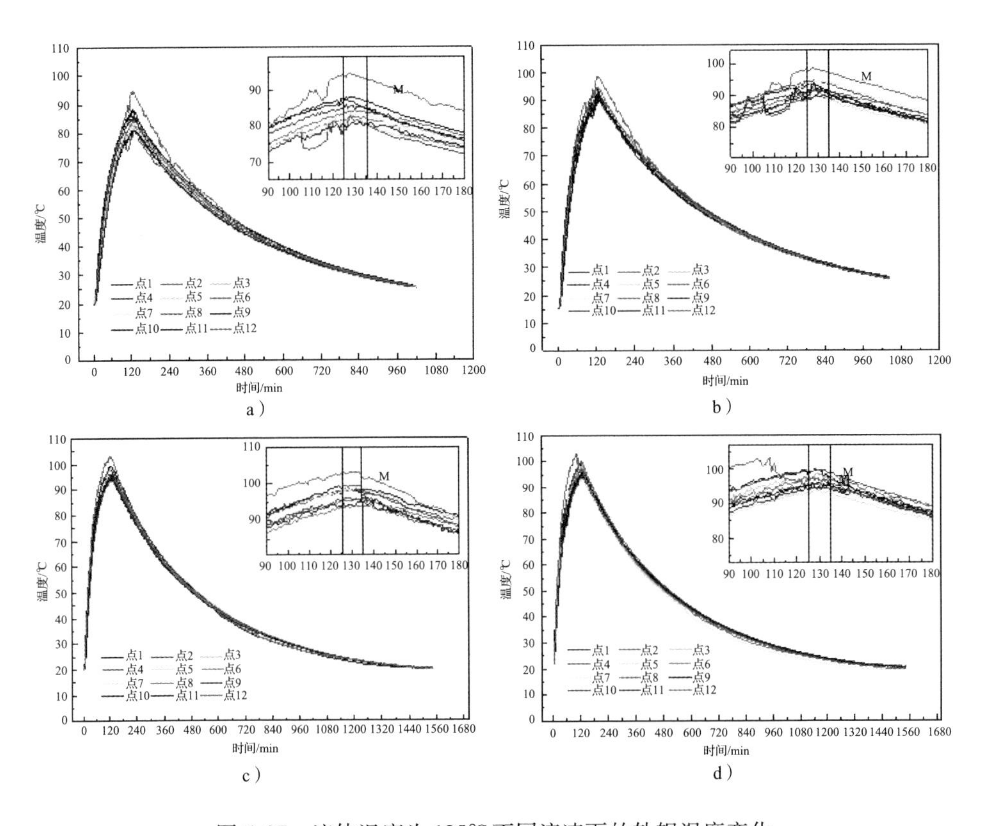

图 5-37　流体温度为 125℃不同流速下的轧辊温度变化

a）$v=0.08$ m/s　b）$v=0.12$ m/s　c）$v=0.16$ m/s　d）$v=0.20$ m/s

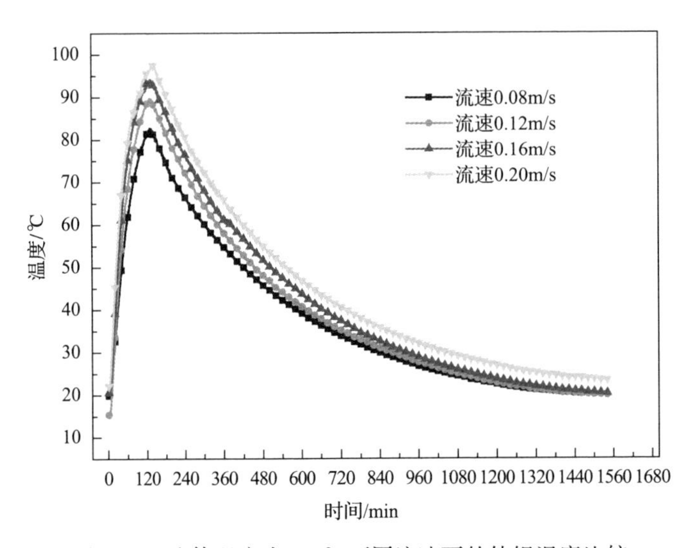

图 5-38　流体温度为 125℃不同流速下的轧辊温度比较

当导热油温度为 150℃ 时，其不同流速下不同位置点的轧辊温度变化如图 5-39 所示，当导热油加热 120 min 时，轧辊温度以很缓慢的速度升高，可认为基本处于平衡状态，所以当加热 140 min 后停止对其加热，但是由于轧辊内部温度高于轧辊表面温度使得其有一段延长期，即停止加热后，温度不会立即开始下降，而会延续一段时间后才开始慢慢下降，延长的时间随速度的改变基本不变，为 7 min 左右，如图中 M 区。轧辊上的点在径向方向上的温度差，即图 5-33 中点 1 和点 3 的温度差与点 10 和点 12 的温度差最大为 8℃，轧辊上的点在轴向上的温度差即点 3 和点 10 的温度差最大为 5℃，表明采用此方法加热轧辊时表面温度高度均匀。

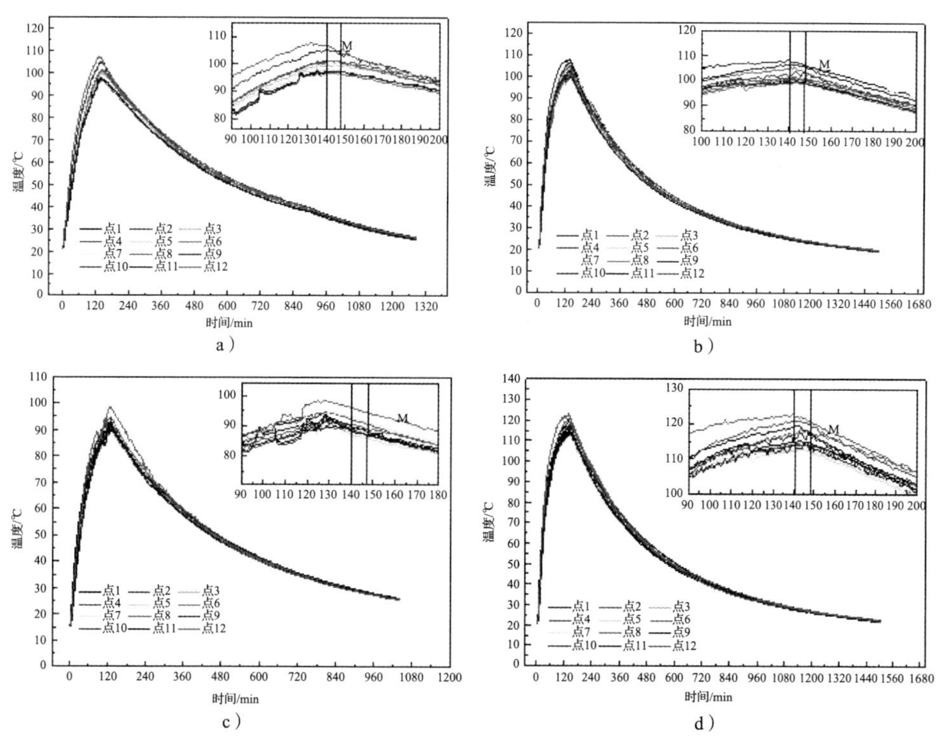

图 5-39　流体温度为 150℃ 不同流速下的轧辊温度变化

a）v = 0.08 m/s　b）v = 0.12 m/s　c）v = 0.16 m/s　d）v = 0.20 m/s

在加热阶段，流体的流速对温升的影响不大，温升趋势高度一致，达到稳定时的温度随着流速的增大而升高，流速分别为 0.08 m/s、0.12 m/s、0.16 m/s、0.20 m/s 时，达到稳定时的温度值为 105℃、108℃、110℃、112℃，如图 5-40 所示。停止加热后的降温趋势也高度一致，在空气自然冷却时以斜率越来越小的趋势下降，相同的冷却时间下，速度高时轧辊温度较高。轧辊的温降速度很小，在冷却初期，以每小时下降 15℃的速率进行温降，约在 21 h 冷却至常温。

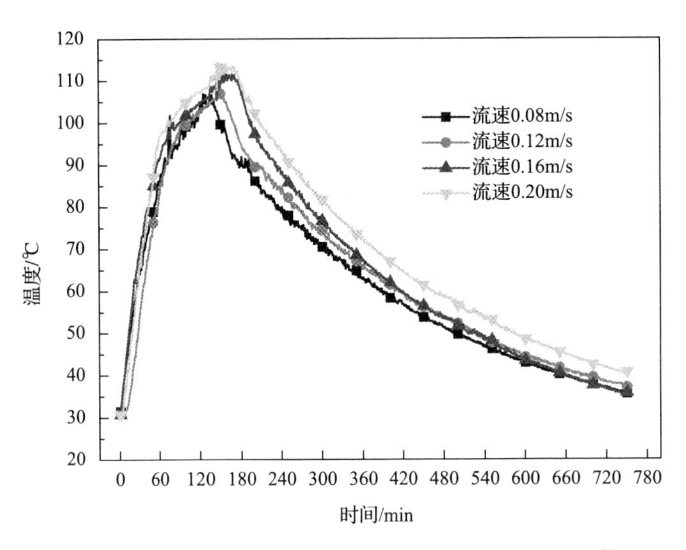

图 5-40　流体温度为 150℃不同流速下的轧辊温度比较

当导热油温度为 175℃时，其不同流速下不同位置点的轧辊温度变化如图 5-41 所示，当导热油加热 120 min 时，轧辊温度以很缓慢的速度升高，可认为基本处于平衡状态，所以当加热 140 min 后停止对其加热，但是由于轧辊内部温度高于轧辊表面温度使得其有一段延长期，即停止加热后，温度不会立即开始下降，而会延续一段时间后才会慢慢下降，延长的时间随速度的改变基本不变，为 10 min 左右，如图中 M 区。轧辊上的点在径向方向上的温度差，即图 5-33 中点 1 和点 3 的温度差与点 10 和点 12 的温度差最大为 9℃，轧辊上的点在轴向上的温度差即点 3 和点 10 的温度差最大为 6℃，表明采用此方法加热轧辊时表面温度高度均匀。

在加热阶段，流体的流速对温升的影响不大，温升趋势高度一致，达到稳定时的温度随着流速的增大而升高，流速分别为 0. 08 m/s、0. 12 m/s、0. 16 m/s、0. 20 m/s 时，达到稳定时的温度值为 117℃、125℃、131℃、135℃，如图 5-42 所示。停止加热后的降温趋势也高度一致，在空气自然冷却时以斜率越来越小的趋势下降，相同的冷却时间下，速度高时轧辊温度较高。轧辊的温降速度很小，在冷却初期，以每小时下降 15℃的速率进行温降，约在 21 h 冷却至常温。

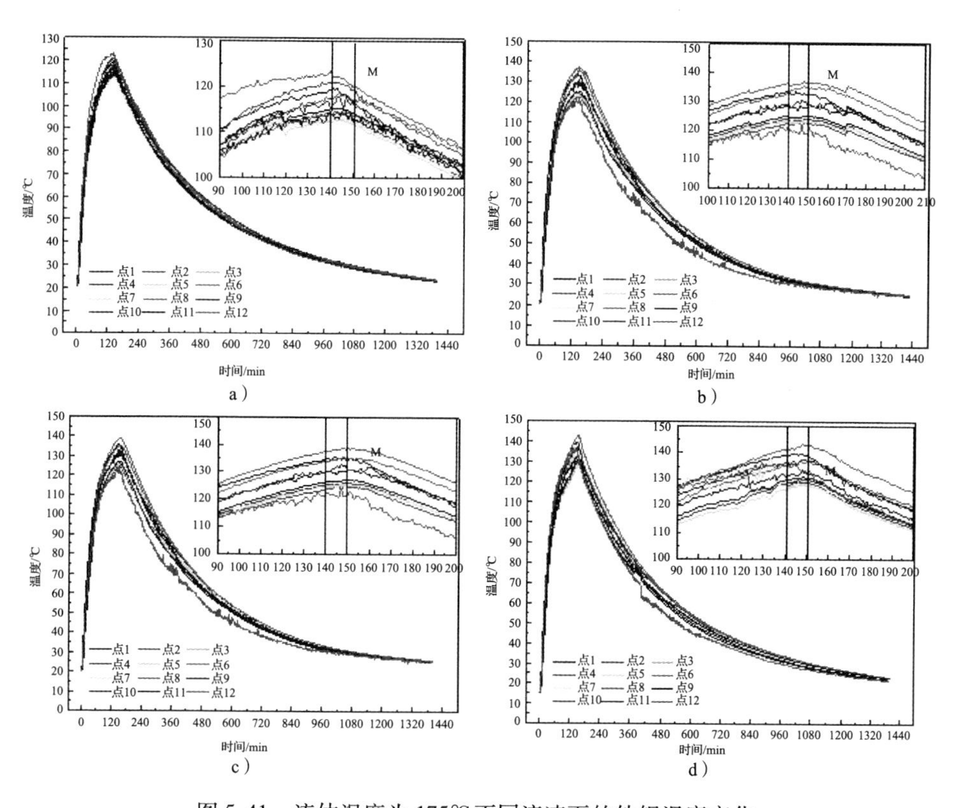

图 5-41　流体温度为 175℃不同流速下的轧辊温度变化

a）v = 0.08 m/s　b）v = 0.12 m/s　c）v = 0.16 m/s　d）v = 0.20 m/s

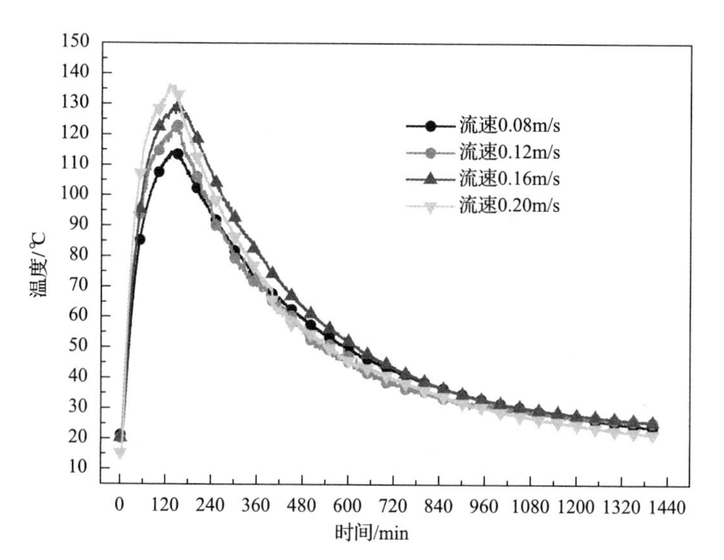

图 5-42　流体温度为 175℃不同流速下的轧辊温度比较

当流体的流速最大为 0. 2 m/s 时，温度不同时，其轧辊的温度场变化如图 5-43 所示。流体温度越高，轧辊温升越快，且达到基本稳定时的温度值越高。当流体温度为 100℃、125℃、150℃、175℃时，轧辊温度达到稳定时的值分别为 75℃、96℃、116℃、134℃，且流体温度越高，在温降阶段温度下降速度越快，降到室温的时间的基本一致。

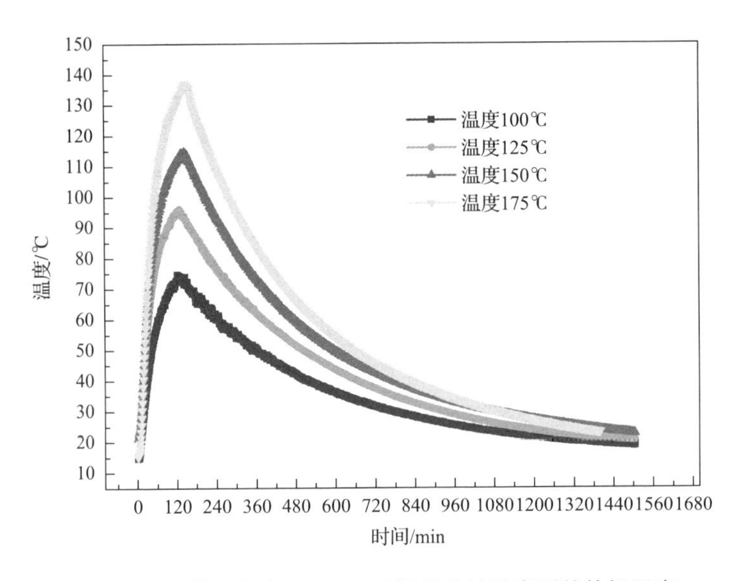

图 5-43　流体速度为 0. 2 m/s 不同导热油温度下的轧辊温度

由上述不同流速下和不同温度下的轧辊温度变化比较可知，流体速度对轧辊温度的影响相对较小，流体温度对轧辊温度的影响相对较大，所以采用升高流体温度的方法来加快轧辊的预热，提高轧辊表面的温度值。

5. 3. 3　实验与模拟对比

实验结果与模拟结果比较如图 5-44 所示。对在流体温度分别为 100℃、125℃、150℃、175℃四个温度下的轧辊温度值比较，其误差范围分别为 0. 18% ~8. 43%、0. 08% ~13. 35%、0. 03% ~13. 26%、2. 6% ~16. 16%，得出流体温度越高，模拟结果与实验结果的误差越大，且随着轧辊温度的升高，误差越来越大。主要原因是：当流体温度变高时，流体的物理性能参数会发生变化，参数在其原范围内的取值还有待精准；当轧辊温度变高时，与外界的温差变大，从而传递的热量变多，故与模拟结果相差变大，所以下步需要修正轧辊在空气中的表面传热系数。

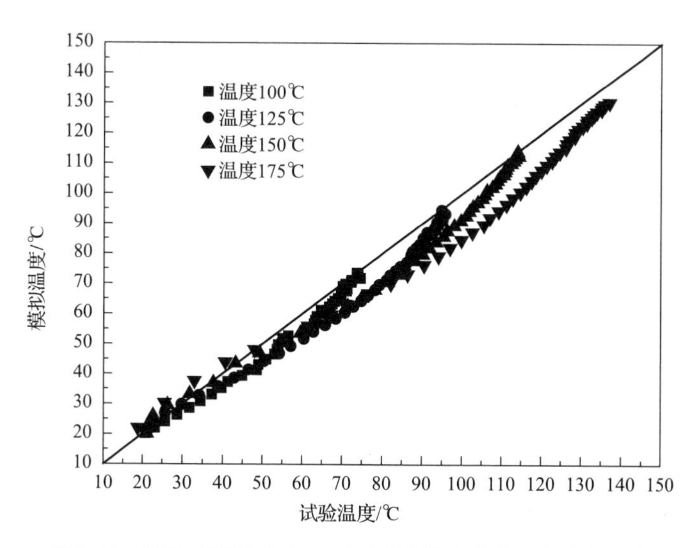

图 5-44　流体速度为 0. 2 m/s 不同导热油温度下的轧辊温度

参考文献

[1] 马茹. 网络互穿双金属镁基复合材料挤压成形的动力学研究 [D]. 济南：济南大学，2012.

[2] 郭志丹. 两种 AZ 镁合金表面钼酸盐转化膜的研究 [D]. 太原：太原科技大学，2010.

[3] 娄超. AZ31 镁合金动态塑性变形后的形变孪晶及力学性能的研究 [D]. 重庆：重庆大学，2013.

第6章　AZ31B镁合金板轧制组织及性能预测研究

6.1　实验材料和方法

6.1.1　材料

本章研究的单道次轧制实验及多道次不同路径轧制实验均采用倾斜式双辊铸轧机铸轧的宽幅AZ31B镁合金板带（宽700 mm×厚7 mm）制备轧制试样。

图6-1为AZ31B镁合金铸轧原料的微观组织及室温拉伸应力-应变曲线。由图6-1a可知，铸轧态镁合金原料的微观组织呈现了典型的树枝晶形貌。由于晶界处β相的富集，位于晶间和枝晶间的灰、黑色相的Mg17Al12或Mg17（Al, Zn）12共晶体呈现出连续的网状分布特点。AZ31B镁合金铸轧原料组织晶粒粗大，平均晶粒尺寸为24.0 μm，但晶粒分布较为均匀。由图6-1b可知，铸轧态AZ31B镁合金原料的抗拉强度为152MPa，断后伸长率较低，仅为9.1%。

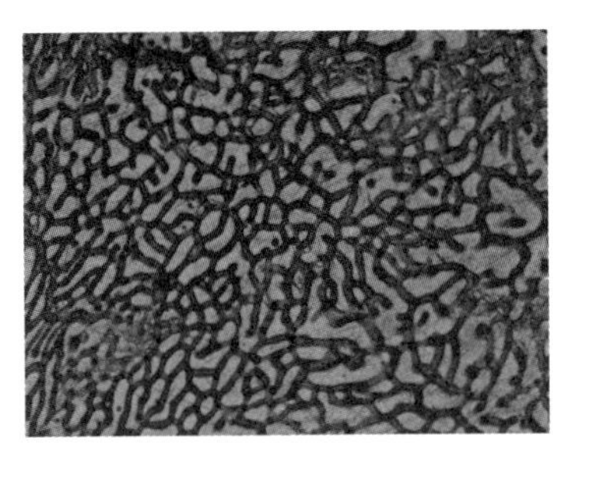

a）

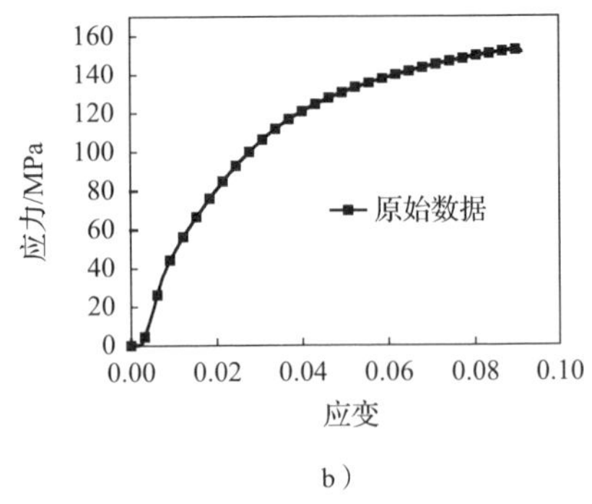

b）

图6-1　AZ31B镁合金铸轧原料的微观组织及室温拉伸曲线
a）微观组织　b）室温拉伸曲线

为了消除普通锯切所产生的残余应力对轧制过程中镁合金板组织性能演变的影响，采用电火花线切割机对铸轧态 AZ31B 镁合金板材原料进行取样，如图 6-2 所示。其化学元素组成（质量分数,%）见表 6-1。

图 6-2　AZ31B 镁合金铸轧板轧制试样

表 6-1　AZ31B 镁合金铸轧板化学成分

成分	Al	Zn	Mn	Fe	Si	Cu	Ni	Mg
质量分数（%）	2.85	0.88	0.36	0.003	0.1	0.01	0.005	其余

试验轧机为辊径 ϕ320 mm 的二辊轧机，采用红外线测温仪进行轧辊温度的测量，使用保温罩对上下轧辊进行加热和保温，并随时调整保温罩加热温度，保证轧辊温度为 150℃ ±5℃。

6.1.2　单道次轧制实验

单道次轧制实验的板坯尺寸为 100 mm×100 mm×7 mm，通过 AZ31B 镁合金板材不同工艺参数条件下的单道次轧制实验，对单道次压下量、轧制速度、初轧温度与轧制后镁合金板微观组织及宏观力学性能的相关性进行研究。

单道次轧制实验共分为三组进行，依次对单道次压下量、轧制速度、初轧温度三个轧制工艺参数进行研究。轧制实验方案如下：

（1）分别以 20%、30%、40% 和 50% 四种不同轧制压下量进行轧制，镁合金板初轧温度为 350℃，轧制速度为 0.5 m/s；

（2）分别以 0.3 m/s、0.5 m/s、0.8 m/s 和 1 m/s 四种不同轧制速度进行

轧制，镁合金板轧制压下量为30%，初轧温度为350℃；

（3）分别以300℃、350℃、400℃和450℃四种不同初轧温度进行轧制，轧制速度为0.5 m/s，轧制压下量为30%。

热轧制后镁合金板如图6-3所示。沿RD-ND（轧制-厚度方向）制备金相分析试样。金相试样依次采用500#、800#、2000#水砂纸进行打磨，0.5 μm抛光膏抛光。试样抛光工作完成后，制备1 mL硝酸+1 mL乙酸+1 g草酸+150 mL水的金相腐蚀剂，然后将金相试样浸入腐蚀液中进行45~50 s的腐蚀。腐蚀完毕后，迅速将试样从腐蚀液中取出，使用医用棉球蘸取无水乙醇溶液轻轻擦干金相试样表面的腐蚀液，并用冷风迅速吹干。采用Axio Imager A2m智能数字材料显微镜在放大倍数200~500×下对金相组织进行观察。

经热轧制后的AZ31B镁合金板材微观晶粒尺寸的测量采用直线截点法，如图6-4所示。为保证测量精度，每个轧制后镁合金板微观组织选取3张较为清晰的金相图进行测量。每张金相图选取晶粒个数不少于50个的圆形区域，并在此圆形区域内画出与RD（轧制方向）成0°、45°、90°和135°四条直线，对经过这些直线的晶粒尺寸进行统计分析。

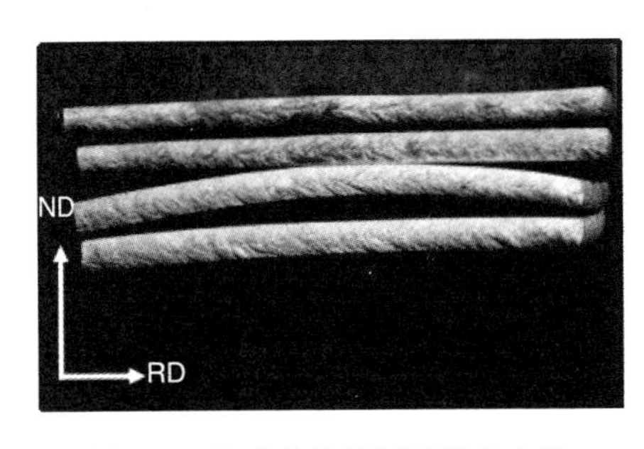

图6-3　单道次热轧制后镁合金板

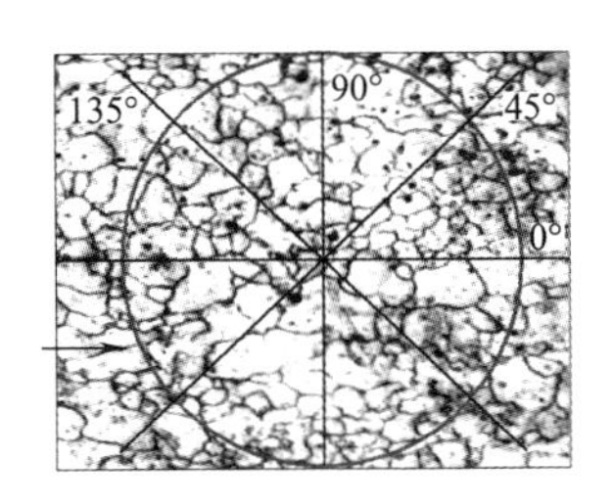

图6-4　晶粒尺寸测量方法示意图

通过线切割机加工单道次热轧后镁合金板，如图6-5所示，沿RD-TD（轧制-宽度方向）制备室温拉伸实验试样，试样原始标距为15 mm，宽度为3.5 mm。

6.1.3　多道次不同轧制路径轧制实验

AZ31B镁合金多道次不同轧制路径热轧制实验的板坯尺寸为90 mm×90 mm×7 mm，通过对AZ31B镁合金进行不同初轧温度条件下不同轧制路径的轧制试验，进行轧制路径与轧制后镁合金板组织性能相关性的研究。

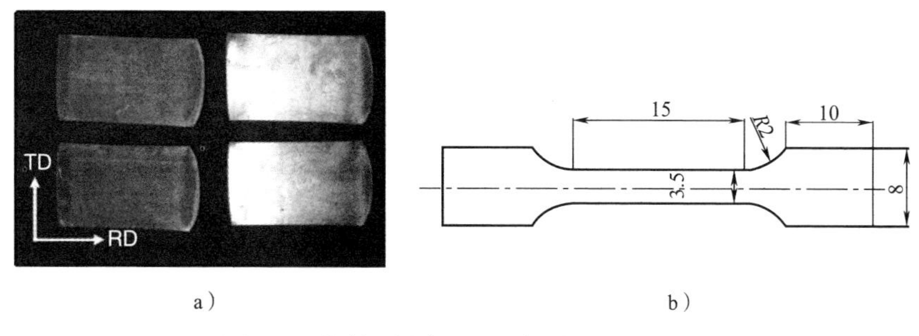

a）　　　　b）

图 6-5　轧制后镁合金板及拉伸试样示意图

a）轧制后镁合金板　b）试样尺寸

多道次不同轧制路径轧制实验共分为四组进行，每组初轧温度分别为 250℃、300℃、350℃、400℃，镁合金板轧制速度统一为 0.5 m/s，每组采用四种不同轧制路径对试样进行轧制，具体轧制路径如图 6-6 所示：

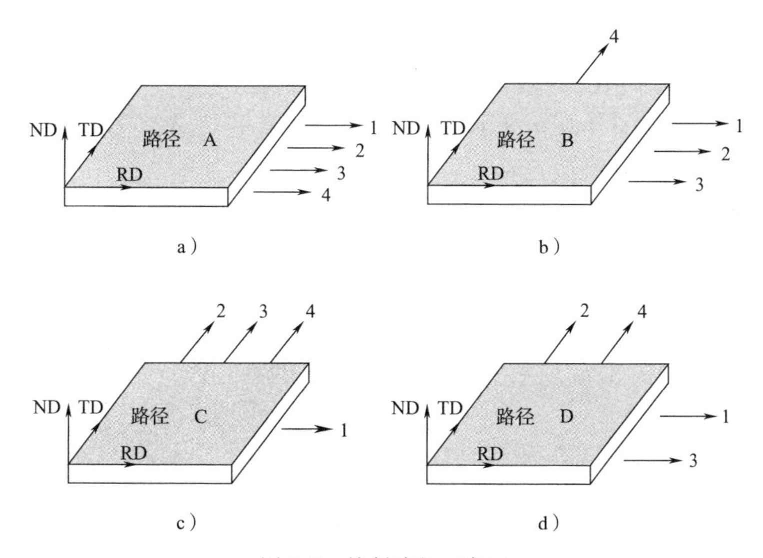

a）　　　　b）

c）　　　　d）

图 6-6　轧制路径示意图

a）轧制路径 A　b）轧制路径 B　c）轧制路径 C　d）轧制路径 D

（1）轧制路径 A 为沿 RD（轧制方向）的四道次单向轧制；

（2）轧制路径 B 为沿 RD（轧制方向）轧制三道次后，镁合金板旋转 90° 沿 TD（宽度方向）轧制一道次；

（3）轧制路径 C 为沿 RD（轧制方向）轧制一道次后，镁合金板旋转 90°

沿 TD（宽度方向）轧制三道次；

（4）轧制路径 D 为镁合金板每道次轧制后均旋转 90°的四道次交叉轧制。

对于此四道次的不同轧制路径实验，每道次的理论压下量分别为 30%、25%、20%、15%；因考虑到实际轧制过程中轧机弹跳等因素的影响，经试轧确定了轧机的弹跳量为 0.6 mm，所以，每道次的实际设定压下量为 38.6%、28.5%、22.3%、18.4%，轧制后镁合金板最终厚度为 2.1 mm ± 0.1 mm。

每道次轧制之前，镁合金板均要采用红外线测温仪进行初轧温度检测，经每道次热轧后的镁合金板都要回炉保温 15 min，保证每道次初轧温度误差保持在 ±5℃之内。

沿 RD-ND（轧制－厚度方向）在板材中部取一处制备金相试样。依次采用 500#、800#、2000#水砂纸打磨，然后采用 0.3 μm 抛光膏抛光，金相腐蚀剂为 1 mL 硝酸 +1 mL 乙酸 +1g 草酸 +100 mL 水，然后将金相试样浸入腐蚀液中进行 90 ~ 120 s 的腐蚀。腐蚀完毕后，迅速将试样从腐蚀液中取出，用医用棉球蘸取无水乙醇溶液擦干金相试样表面的腐蚀液，并用冷风迅速吹干。在放大倍数为 200 ~ 500 × 的显微镜下对微观组织进行观察。

为提高平均晶粒尺寸值的测量精度，从每个轧制后镁合金板显微组织中选取三张较为清晰的金相图片进行统计。如图 6-7 所示，每个统计区域中晶粒个数不少于 300 个；采用 Photoshop 软件对晶粒轮廓进行描绘加深；使用 Image Pro Plus 软件对晶粒尺寸进行测量，并统计其分布情况。

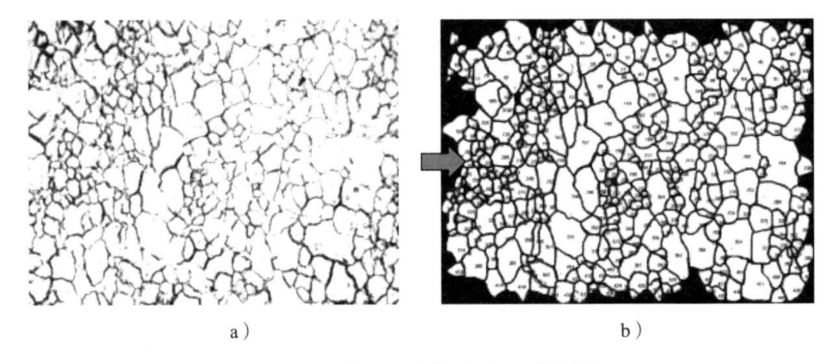

a)　　　　b)

图 6-7　晶粒尺寸统计过程示意图

a）原始金相图　b）晶粒尺寸测量图

沿轧制后镁合金板 RD、与 RD 成 45°和 TD 三个方向加工拉伸实验试样，取样方式及试样几何尺寸如图 6-8 所示，拉伸试样的原始标距为 20 mm，宽度为 3.5 mm。

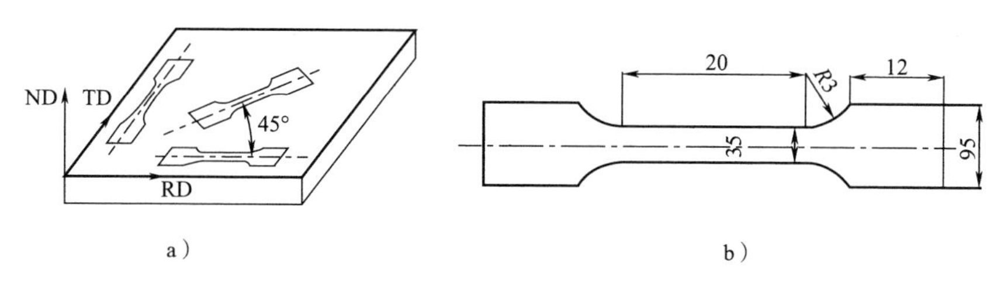

图 6-8　拉伸试样取样方式及尺寸示意图

6.2　单道次轧制后 AZ31B 镁合金组织状态分析

6.2.1　压下量

图 6-9 为初轧温度 350℃，轧制速度 0.5 m/s 的条件下，经 20%、30%、

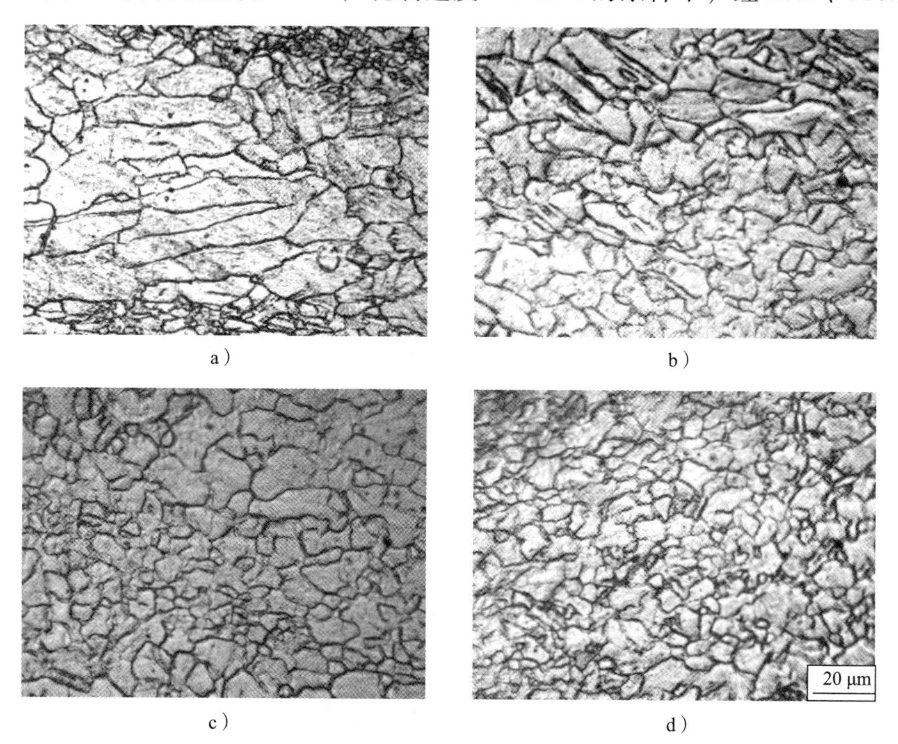

图 6-9　不同压下量轧制后镁合金板微观组织

a）20%　b）30%　c）40%　d）50%

40%、50%单道次轧制压下量轧制后镁合金板的微观组织。20%压下量轧制时，虽有较少部分动态再结晶晶粒形核，但轧制后镁合金板的微观组织还是以大尺寸晶粒为主；轧制压下量增至30%后，开始有孪晶产生，同时由于动态再结晶的作用，有细小亚晶在晶界间不断产生并开始长大，微观组织中的孪晶逐渐增多，部分晶粒的“晶轴”朝着RD（轧制方向）有明显的偏转；单道次轧制压下量增大至40%后，动态再结晶晶粒增多并开始长大，被拉长的大晶粒及孪晶发生“断裂”，晶粒得到不断细化；当压下量增至50%后，晶粒细化现象较为明显。

图6-10为不同压下量轧制后镁合金板的平均晶粒尺寸对比图，随压下量的增加，平均晶粒尺寸呈现出逐渐降低的趋势，压下量达到50%时，轧制后镁合金板平均晶粒度达到最小为5.34 μm。因此，单道次轧制压下量越大，越能够较好的细化晶粒。

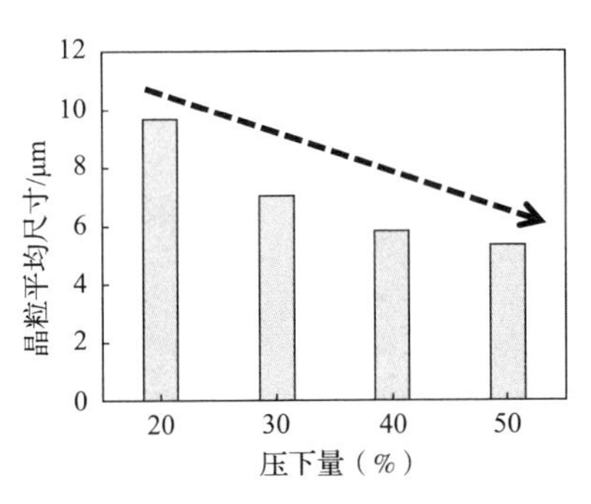

图6-10　不同压下量轧制后镁合金板平均晶粒尺寸对比

6.2.2　轧制速度

图6-11为压下量30%，初轧温度350℃的条件下，轧制速度为0.3 m/s、0.5 m/s、0.8 m/s、1 m/s轧制后镁合金板的微观组织。轧制速度为0.3 m/s时，由于轧制速度较小，镁合金板与轧辊接触的时间较长，散热较快，孪晶在某些区域形成位错塞积而导致了部分规则的晶粒组织附近会形成一定范围的“孪晶带”；随着轧制速度的增加，轧辊与镁合金板因摩擦产生的热量及镁合金板塑性变形产生的热量均有所增加，较为完全的动态再结晶因镁合金板轧制变形区温度的升高而得以进行，微观组织晶粒细化明显，轧制后镁合金板的微观组织晶界较为规则，晶粒分布较为均匀。

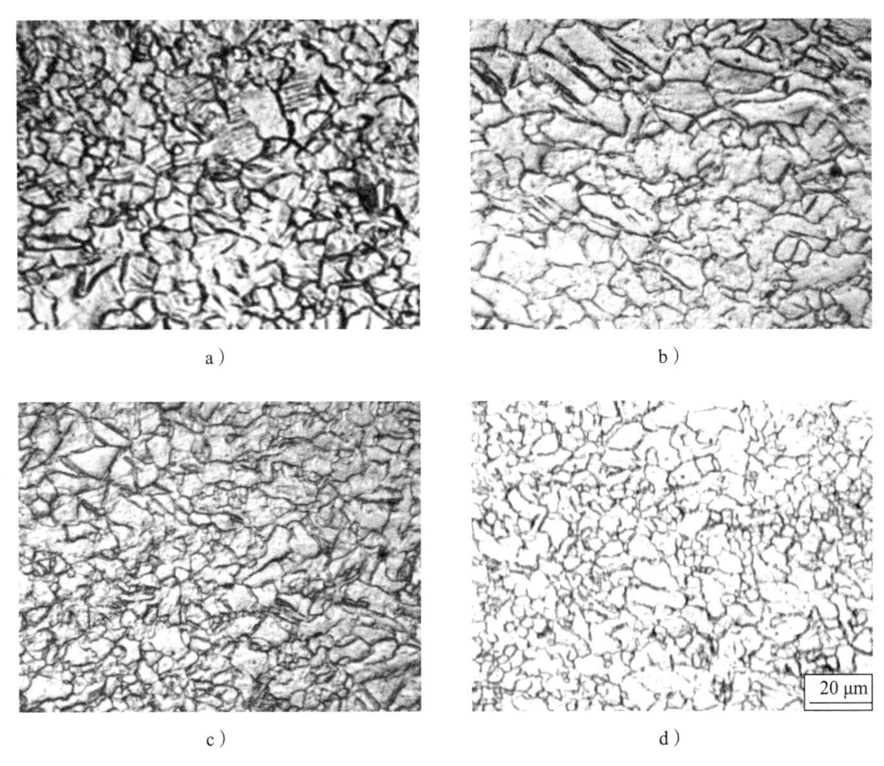

图 6-11　不同轧制速度轧制后镁合金板微观组织
a) 0.3 m/s　b) 0.5 m/s　c) 0.8 m/s　d) 1 m/s

图 6-12 为不同轧制速度轧制后镁合金板的平均晶粒尺寸对比图。由图 6-12 可知，镁合金板平均晶粒尺寸与轧制速度呈现出负相关性，轧制速度达到 1 m/s 时，轧制后镁合金板材平均晶粒度达到最小为 5.76 μm。因此，较大的单道次轧制速度对轧制后镁合金板的组织细化现象较为明显。

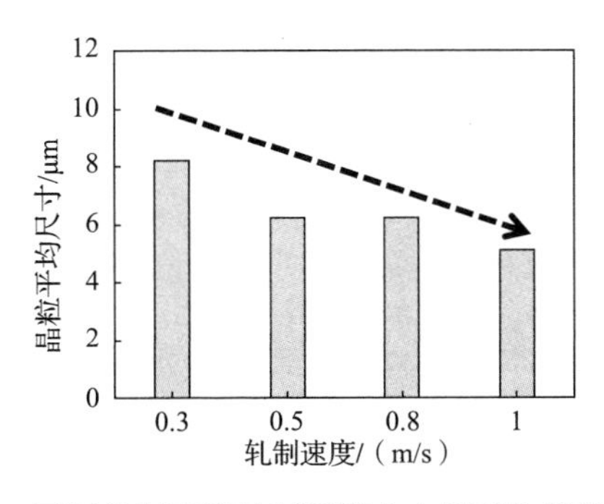

图 6-12　不同轧制速度轧制后镁合金板平均晶粒尺寸对比

6.2.3　初轧温度

图 6-13 为轧制速度 0.5 m/s，压下量 30% 的条件下，300℃、350℃、400℃、450℃初轧温度轧制后镁合金板的微观组织。初轧温度为 300℃时，微观组织多为孪晶和大晶粒，只出现少量的再结晶组织；温度上升至 350℃时，再结晶组织增多，但仍有部分大晶粒组织存在；轧制温度增至 400℃后，再结晶晶粒明显增多，大多为等轴晶组织，晶粒得到了细化，孪晶完全消失，并有部分再结晶晶粒发生长大；当初轧温度升高到 450℃后，微观组织中的大部分晶粒均出现了长大现象。图 6-14 为不同初轧温度轧制后镁合金板平均晶粒尺寸对比图，随着初轧温度的升高，平均晶粒尺寸呈现出先减小后增大的趋势，初轧温度为 400℃时，轧制后镁合金板材的平均晶粒度最小（6.95 μm），因此能够获得较好的细晶组织。

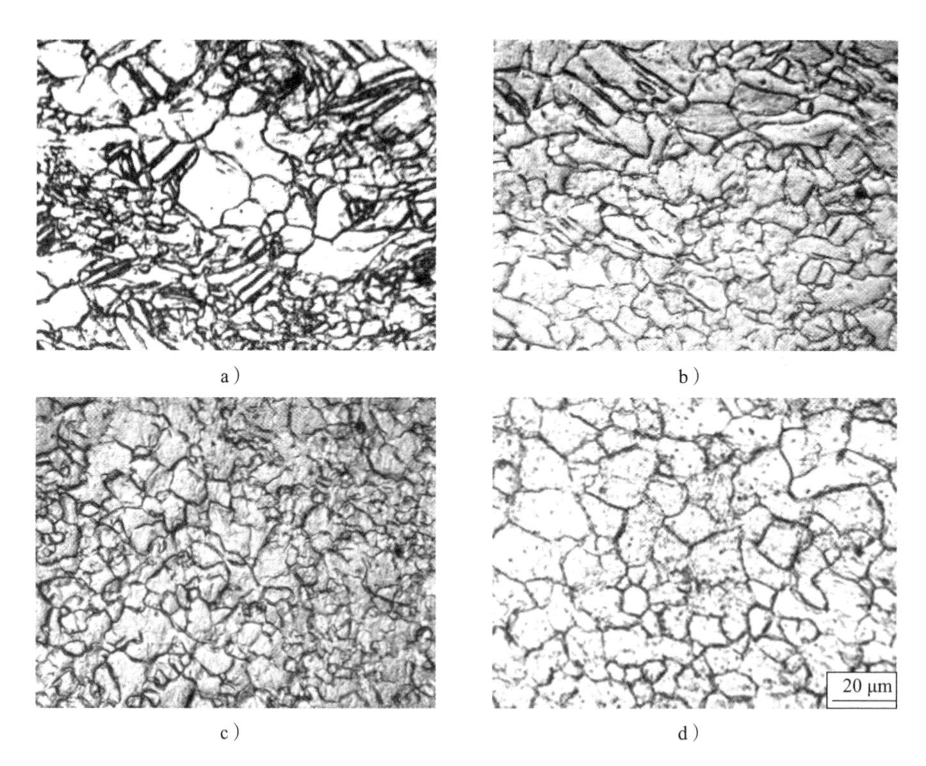

图 6-13　不同初轧温度轧制后镁合金板微观组织

a) 300℃　b) 350℃　c) 400℃　d) 450℃

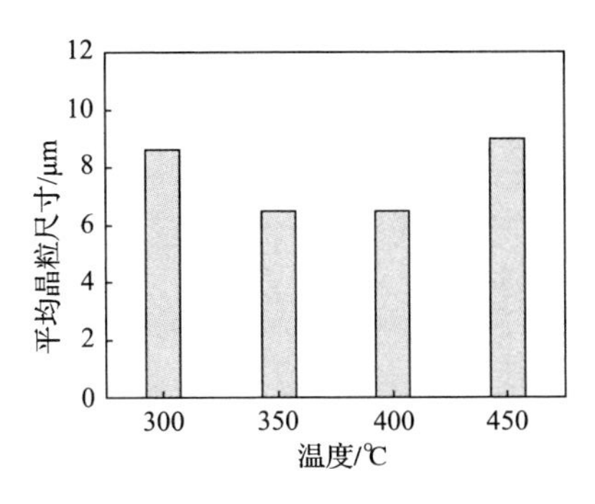

图6-14　不同初轧温度轧制后镁合金板平均晶粒尺寸对比

6.3　单道次热轧制后AZ31B镁合金板拉伸性能分析

6.3.1　抗拉强度

图6-15为AZ31B镁合金不同单道次热轧制工艺轧制后镁合金板的抗拉强度对比图。由图6-15a可知，铸轧态AZ31B镁合金经不同单道次压下量轧制后，轧制后板材的抗拉强度随压下量的增加而增大；因为在镁合金板的轧制塑性变形时，塑性变形后材料的加工硬化现象明显，但与此同时，材料还存在再结晶的软化过程，单道次压下量越大，再结晶的软化作用远远弱于加工硬化的作用，因此轧制后板材的抗拉强度因压下量的增加而增大。由图6-15b可知，抗拉强度与轧制速度存在先增大后减小的趋势，相关性较小，轧制速度为0.8 m/s时，抗拉强度达到最大。由图6-15c可知，随初轧温度的升高，抗拉

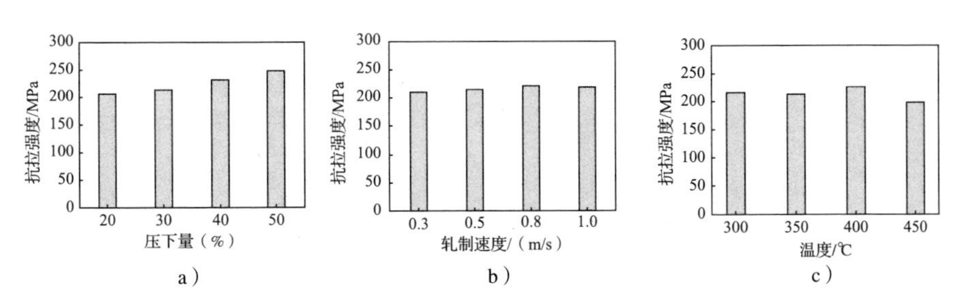

图6-15　不同轧制工艺轧制后镁合金板抗拉强度
a）不同压下量　b）不同轧制速度　c）不同初轧温度

强度存在先增大后减小的规律，初轧温度为400℃时达到了最大的抗拉强度225.7MPa；这是由于初轧温度越高，变形温度越高，初轧温度在300～400℃区间内，晶粒尺寸存在减小的趋势，因细晶强化作用，抗拉强度增大；但当初轧温度升至450℃后，抗拉强度减小。

6.3.2　断后伸长率

图6-16为AZ31B镁合金不同单道次热轧制工艺轧制后镁合金板的断后伸长率的对比图。由图6-16a可知，单道次压下量为20%时，轧制后镁合金板的断后伸长率达到最大为13.5%。由图6-16b可知，材料的断后伸长率随轧制速度的增加而逐渐增大，轧制速度为1 m/s时断后伸长率达到最大为13.6%。由图6-16c可知，材料断后伸长率随初轧温度的升高出现了明显升高的趋势，当初轧温度为450℃时，断后伸长率最大为14.2%。

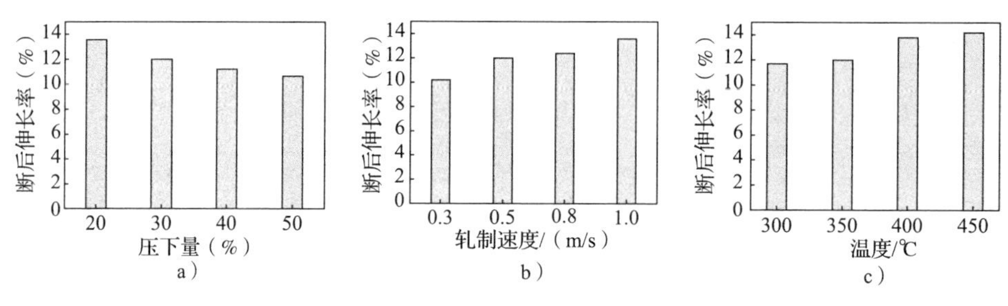

图6-16　不同轧制工艺轧制后镁合金板断后伸长率
a）不同压下量　b）不同轧制速度　c）不同初轧温度

6.4　单道次热轧AZ31B组织性能预测模型的建立

镁合金的热加工温度范围较窄，镁合金板带轧制工艺的研究虽然已有很大成果，但是仍存在两个主要问题：一是对镁合金轧制工艺路线制订还处在摸索阶段，没有形成完善和统一的镁合金轧制工艺理论，需要较多借鉴轧钢工艺研究或经验数据进行镁合金轧制工艺制度的制订；二是现有镁合金轧制工艺与轧制后板材组织性能间相关性的系统性研究还不成熟，镁合金的轧制工艺的制订与其塑性的提高未能建立较好的理论联系。

本章研究基于第3章单道次轧制工艺与轧制后镁合金板的组织性能实验数

据分析，将热轧制后镁合金板的塑性成形性能与轧制工艺的制订联系起来综合考虑，建立了组织性能预测模型，在热轧制度与轧制后材料的组织性能之间起到了双向指导作用。

6.4.1　轧制变形区应变速率模型

板材轧制过程中的轧制变形区如图 6-17 所示。在镁合金的轧制过程中，沿轧制方向上的镁合金板轧制变形区的各截面压下量均不相同，因此，沿变形区长度 l 内各个不同垂直横断面上的板材厚度、金属流动速度、轧制速度分量都是不同的。对于板材的热轧制塑性变形，通常采用平均应变速率来表示轧制变形区内的板材变形速度。

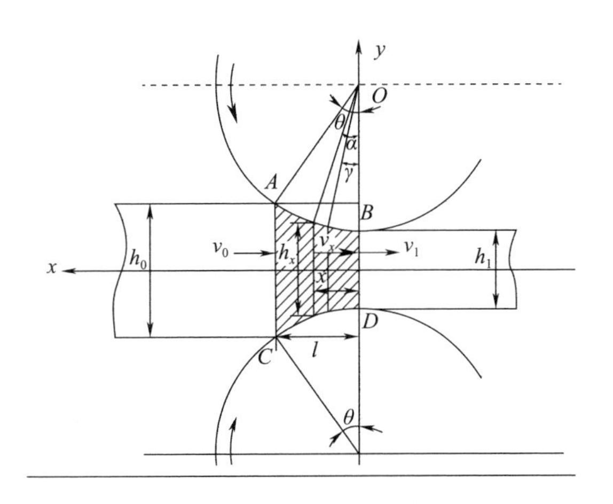

图 6-17　轧制变形区示意图

为保证平均应变速率的计算精度，本章通过对接触弧方程和接触弧参数方程进行精确推导，确定镁合金板轧制变形区各个截面的水平速度；为简化计算，将镁合金板轧制变形归为平面变形问题，仅考虑板材厚度方向上的压缩变形与长度方向上的延伸变形，忽略宽展问题。

其中，轧制变形区长度 l 为：

$$l = \frac{\sqrt{D\Delta h}}{2} \tag{6-1}$$

变形区任意断面高度 h_x 为：

$$\begin{cases} h_x = D + h_1 - 2\sqrt{(D/2)^2 - x^2} \\ x = R\sin\alpha \end{cases} \tag{6-2}$$

式中，D 是轧辊直径（mm）；R 是轧辊半径（mm）；α 是厚度断面 h_x 的位置角。

由轧制过程中金属内部金属流动存在秒流量相等的关系：

$$v_x h_x = v_0 h_0 = v_1 h_1 = c \tag{6-3}$$

式中，v_x是断面位置的水平速度（mm/s）；v_0是轧制变形区入口速度（mm/s）；v_1是出口速度（mm/s）；h_x 是断面位置厚度（mm）；h_0 是镁合金板轧制入口厚度（mm）；h_1 是镁合金板轧制出口厚度（mm）；c 是秒流量常数。

由式（6-2）和式（6-3）可知：

$$v_x = \frac{c}{h_x} = \frac{c}{D + h_1 - D\cos\alpha} \tag{6-4}$$

v_x沿厚度方向平均分布，采用柯西方程计算长度方向应变速率：

$$\dot{\varepsilon}_x = \frac{\partial v_x}{\partial x} = \frac{\mathrm{d}v_x}{\mathrm{d}\alpha}\frac{\mathrm{d}\alpha}{\mathrm{d}x} \tag{6-5}$$

由式（6-2）、式（6-4）和式（6-5）可得：

$$\dot{\varepsilon}_y = -\dot{\varepsilon}_x = \frac{2c \cdot \sin\alpha}{\cos\alpha\,(D + h_1 - D\cos\alpha)^2} \tag{6-6}$$

使用积分中值定理求得轧制变形区厚度方向的平均应变速率 $\dot{\varepsilon}$ 为：

$$\dot{\varepsilon} = \frac{1}{\theta}\int_0^{\theta}\dot{\varepsilon}_y \mathrm{d}\alpha = \frac{1}{\theta}\int_0^{\theta} - \frac{(2c\sin\alpha)\,\mathrm{d}\alpha}{\cos\alpha\,(D + h_1 - D\cos\alpha)^2} \tag{6-7}$$

式中，θ 是咬入角（°）。

因此，AZ31B 镁合金的轧制变形精确应变速率 $\dot{\varepsilon}$ 如下：

$$\dot{\varepsilon} = \frac{2v_1 h_1}{\theta\,(D + h_1)^2}\left[\ln\frac{h_1\cos\theta}{h_0} - \frac{\Delta h}{h_0}\left(\frac{D}{h_1} + 1\right)\right] \tag{6-8}$$

板材轧制时的咬入角 θ 比较小，$\sin\theta \approx \theta$，$\cos\theta = 1 - \dfrac{\theta^2}{2}$，所以式（6－8）

可简化为：

$$\dot{\varepsilon} = \sqrt{\frac{2D}{\Delta h}} \frac{v_1 h_1}{(D + h_1)^2}\left[\ln \frac{h_1(D - \Delta h)}{Dh_0} - \frac{\Delta h}{h_0}\left(\frac{D}{h_1} + 1\right)\right] \tag{6-9}$$

式中，Δh 是轧制压下量（mm）。

板带轧制过程中存在前滑现象，即轧件的出口速度 v_1 高于轧辊的圆周速度 v。引入前滑系数 s_1：

$$s_1 = \frac{v_1 - v}{v} \tag{6-10}$$

式中，v 是轧制速度（m/s）。

因此，轧制出口速度 v_1 为：

$$v_1 = (1 + s_1)v \tag{6-11}$$

轧制薄板时前滑系数 s_1 为：

$$s_1 = \frac{D}{2h_1}\gamma^2 \tag{6-12}$$

式中，γ 是板材轧制变形时的中性角（°），γ 的计算公式为：

$$\gamma = \frac{1}{\sqrt{2}}\sqrt{\frac{\Delta h}{D}}\left(1 - \frac{1}{\sqrt{2}\mu_S}\sqrt{\frac{\Delta h}{D}}\right) \tag{6-13}$$

式中，μ_s 是板材稳定轧制变形时的摩擦因数，镁合金板轧制时通常取 $\mu_s = 0.35$。因此，结合式（6-11）~式（6-13）可知，镁合金板轧制变形时的出口速度 v_1 为：

$$v_1 = \left[1 + \frac{\Delta h}{h_1}\left(\sqrt{\frac{\Delta h}{D}} - \frac{1}{2}\right)^2\right]v \tag{6-14}$$

因此，将式（6-14）代入式（6-9），可得镁合金板轧制变形区的精确应变速率 $\dot{\varepsilon}$ 的数学模型：

$$\dot{\varepsilon} = \sqrt{\frac{2D}{\Delta h}} \frac{\left[h_1 + \Delta h\left(\sqrt{\frac{\Delta h}{D}} - \frac{1}{2}\right)^2\right]v}{(D + h_1)^2}\left[\ln \frac{h_1(D - \Delta h)}{Dh_0} - \frac{\Delta h(D + h_1)}{h_0 h_1}\right] \tag{6-15}$$

6.4.2　AZ31B镁合金单道次热轧制后平均晶粒尺寸预测模型

铸轧态AZ31B镁合金单道次不同工艺条件轧制后板材微观组织的平均晶粒尺寸的统计分析见表6-2。

表6-2　不同轧制条件单道次轧制后镁合金板平均晶粒尺寸

应变 ε（%）	20	30	40	50	30	30	30	30	30	30	30	30
轧制速度 v/(m/s)	0.5	0.5	0.5	0.5	0.3	0.5	0.8	1.0	0.5	0.5	0.5	0.5
温度 T/K	623	623	623	623	623	623	623	623	573	623	673	723
平均晶粒尺寸 d/μm	9.65	7.05	5.84	5.34	8.43	7.05	6.82	5.76	8.85	7.05	6.95	9.01

齐纳-霍洛蒙（Zener-Hollomon）参数（Z）为变形速率与温度函数的乘积，故又称为经过温度补偿的变形速率，综合表征了塑性变形过程中变形温度和应变速率的关系。Z参数与热变形过程中材料的应变速率$\dot{\varepsilon}$和变形温度T的关系如下：

$$Z = \dot{\varepsilon}\exp\left(\frac{Q}{RT}\right) \tag{6-16}$$

式中，T是变形温度（K）；Q是塑性变形激活能（J/mol），和材料有关；$\dot{\varepsilon}$是应变速率（s^{-1}）；R是气体常数。

热压缩变形后材料的平均晶粒尺寸d与参数Z存在的线性关系：$\ln d = k\ln Z + b$，本章中所研究的镁合金在轧制过程中沿厚度方向的热压缩变形可以基于上述理论进行进一步分析。因此，轧制后镁合金板的平均晶粒尺寸d与应变速率$\dot{\varepsilon}$、初轧温度T的数学关系如下：$\ln d = k(\ln\dot{\varepsilon} + Q/RT) + b$，其中，$k$和$b$为常数。

由式（6-15）计算不同轧制工艺条件下镁合金板变形区的应变速率，见表6-3。

表 6-3　不同轧制条件轧制变形区平均应变速率 $\dot{\varepsilon}$ 及其自然对数 $\ln\dot{\varepsilon}$

应变 ε（%）	20	30	40	50	30	30	30	30	30	30	30	30
轧制速度 v/(m/s)	0.5	0.5	0.5	0.5	0.3	0.5	0.8	1.0	0.5	0.5	0.5	0.5
温度 T/K	623	623	623	623	623	623	623	623	573	623	673	723
应变速率 $\dot{\varepsilon}/s^{-1}$	7.010	8.824	10.528	12.268	5.295	8.824	14.119	17.649	8.824	8.824	8.824	8.824
$\ln\dot{\varepsilon}/s^{-1}$	1.947	2.178	2.354	2.507	1.667	2.178	2.648	2.870	2.178	2.178	2.178	2.178

为进行数据分析，分别计算了不同轧制条件轧制后镁合金板平均晶粒尺寸的自然对数 $\ln d$ 及 $1/T$，见表 6-4。

表 6-4　不同轧制条件轧制后镁合金板平均晶粒尺寸的自然对数 $\ln d$ 和 $1/T$ 计算值

应变 ε（%）	20	30	40	50	30	30	30	30	30	30	30	30
轧制速度 v/(m/s)	0.5	0.5	0.5	0.5	0.3	0.5	0.8	1.0	0.5	0.5	0.5	0.5
温度 T/K	623	623	623	623	623	623	623	623	573	623	673	723
$\ln d$/μm	2.267	1.953	1.765	1.675	2.132	1.953	1.920	1.751	2.180	1.953	1.939	2.198
$(1/T)$/K	0.00161	0.00161	0.00161	0.00161	0.00161	0.00161	0.00161	0.00161	0.00175	0.00161	0.00149	0.00138

如图 6-18 所示，将（$kQ/RT+b$）看作一个常数 b_1，对 $\ln d$ 和 $\ln\dot{\varepsilon}$ 进行拟

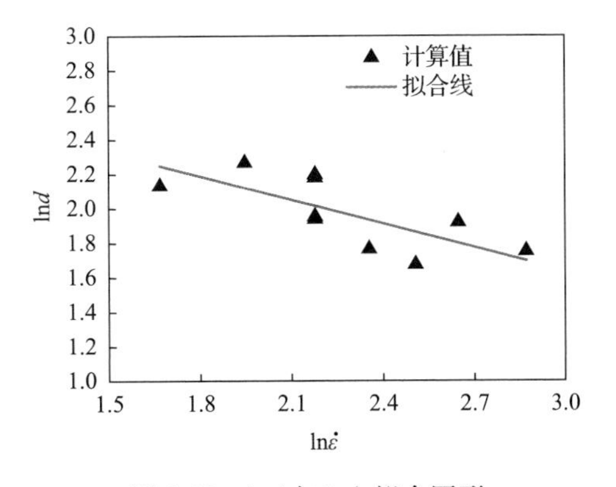

图 6-18　$\ln d$ 与 $\ln\dot{\varepsilon}$ 拟合图形

合解析：

$$\ln d = -0.459\ln\dot{\varepsilon} + b_1 \tag{6-17}$$

如图 6-19 所示，将（$k\ln\dot{\varepsilon}+b$）看作一个常数 b_2，对 ln$d$ 和 $1/T$ 进行拟合解析：

$$\ln d = \frac{104.575}{T} + b_2 \tag{6-18}$$

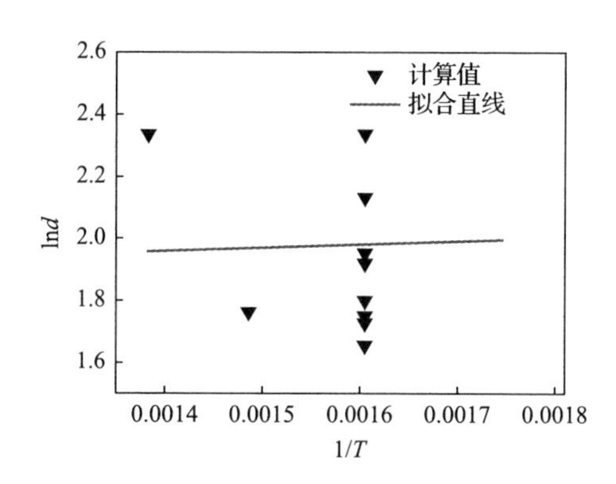

图 6-19　ln$d$ 与 $1/T$ 拟合图形

由式（6-17）、式（6-18）可知：

$$\ln d = -0.459\ln\dot{\varepsilon} + \frac{104.575}{T} + B \tag{6-19}$$

因此，可知常数 B 为：

$$B = \ln d + 0.459\ln\dot{\varepsilon} - \frac{104.575}{T} \tag{6-20}$$

将表 6-3 及表 6-4 中 ln$d$、ln$\dot{\varepsilon}$、$1/T$ 数据代入式（6-20）对 B 进行求解，可得 B = 2.848。

因此，可得 ln$d$ 关于 ln$\dot{\varepsilon}$、$1/T$ 的关系式：

$$\ln d = -0.459\ln\dot{\varepsilon} + \frac{104.575}{T} + 2.848 \tag{6-21}$$

求得平均晶粒尺寸 d：

$$d = \exp\left(-0.459\ln\dot{\varepsilon} + \frac{104.575}{T} + 2.848\right) \tag{6-22}$$

基于式（6-22）进行进一步简化，建立了平均晶粒尺寸 d 与轧制应变速率 $\dot{\varepsilon}$、初轧温度 T 的关系模型：

$$d(\dot{\varepsilon},T) = 17.253\exp\left(-0.459\ln\dot{\varepsilon} + \frac{104.575}{T}\right), T \in (573\text{K}, 723\text{K}) \tag{6-23}$$

基于式（6-15）、式（6-23）建立了轧辊直径 D、轧制速度 v、初轧温度 T、轧制压下量 Δh 与平均晶粒尺寸 d 的数学关系，即铸轧态 AZ31B 镁合金单道次热轧制后平均晶粒尺寸预测模型：

$$\begin{cases} d(\dot{\varepsilon},T) = 17.253\exp\left(-0.459\ln\dot{\varepsilon} + \dfrac{104.575}{T}\right), T \in (573\text{K}, 723\text{K}) \\ \dot{\varepsilon}(D,v,h_0,h_1,\Delta h) \\ = \sqrt{\dfrac{2D}{\Delta h}}\dfrac{\left[h_1 + \Delta h\left(\sqrt{\dfrac{\Delta h}{D}} - \dfrac{1}{2}\right)^2\right]v}{(D+h_1)^2}\left[\ln\dfrac{h_1(D-\Delta h)}{Dh_0} - \dfrac{\Delta h(D+h_1)}{h_0h_1}\right] \end{cases} \tag{6-24}$$

图 6-20 ~ 图 6-22 分别为单道次不同压下量、轧制速度和初轧温度轧制后镁合金板的平均晶粒尺寸实验值与计算值的对比图。

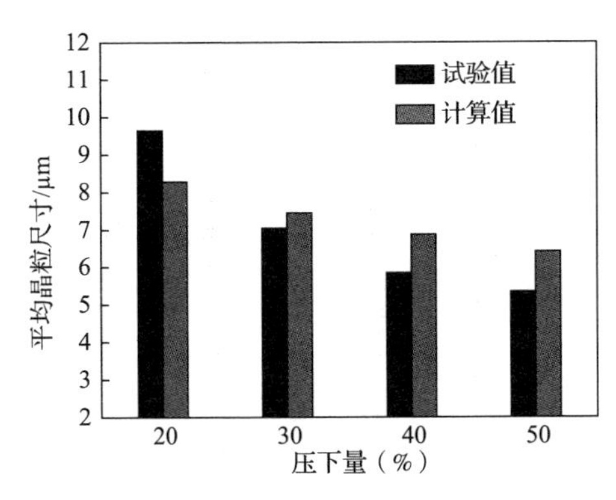

图 6-20　不同轧制压下量单道次轧制后镁合金板平均晶粒尺寸实验值与计算值对比

图 6-20 为 20%、30%、40%、50% 四种单道次压下量轧制后镁合金板的平均晶粒尺寸计算值与实验测量值的对比，模型的误差随着压下量的增加而逐渐增大，压下量为 40%、50% 时达到较大的相对误差 17.6% 和 19.9%。这是由于 AZ31B 镁合金铸轧板在较大压下量的轧制过程中，虽然晶粒得到了较好的细化，但晶粒尺寸分布不均匀，在采用直线截点法进行晶粒尺寸测量时，会因尺寸分布不均匀的影响导致较大的测量误差，进而导致模型误差的产生，因此，误差随单道次轧制压下量的增加而增大。

图 6-21 为 0.3 m/s、0.5 m/s、0.8 m/s、1 m/s 四种不同轧制速度单道次轧制后镁合金板的平均晶粒尺寸模型计算值与实验测量值的对比，模型的误差随着轧制速度的减小而增大，轧制速度为 0.3 m/s 时达到最大相对误差 11.8%。这是由于较小的轧制速度使得镁合金板热轧制塑性变形时间增长，板材在轧制过程中，因镁合金板与轧辊接触部分存在一定的温度差，镁合金板与轧辊的接触传热时间较长，轧件温度下降较多；同时，轧件表面向周围空气辐射的热量以及轧件运动过程中因空气对流被带走的热量都会因较长的热轧塑性变形时间而增多。镁合金的热加工范围较窄，对温度变化的敏感性较高，较多热量的散失使得镁合金板的变形主要是通过切变的方式进行，切变带周围会产生较多的孪晶组织，而远离切变带的组织区域多为大尺寸晶粒，晶粒尺寸分布的极不均匀性导致了测量误差的增大，进而模型误差较大。因此，模型的误差随单道次轧制速度的减小而增大。

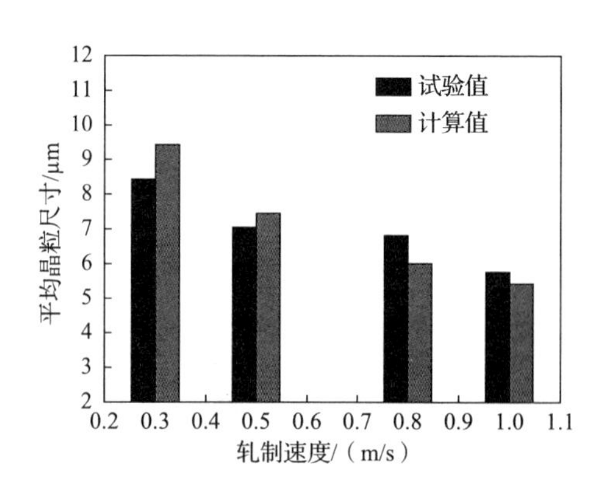

图 6-21　不同轧制速度单道次轧制后镁合金板平均晶粒尺寸实验值与计算值对比

图 6-22 为 300℃、350℃、400℃、450℃ 四种不同初轧温度单道次轧制后

镁合金板的平均晶粒尺寸模型计算值与实验测量值的对比，初轧温度为 300℃时达到最大相对误差 14.5%。位错密度差是变形金属动态再结晶的驱动力，由于初轧温度较低所导致的镁合金板轧制变形区温度较低，镁合金板轧制变形时产生的位错密度因较低的变形温度而有所减小，因此，位错难以通过运动实现重组，动态再结晶晶粒形核较少，多为孪生变形，轧制后镁合金板的微观组织多为孪晶和大尺寸晶粒，晶粒分布不均匀是模型误差增大的主要因素。因此，模型误差随单道次初轧温度的减小而增大。

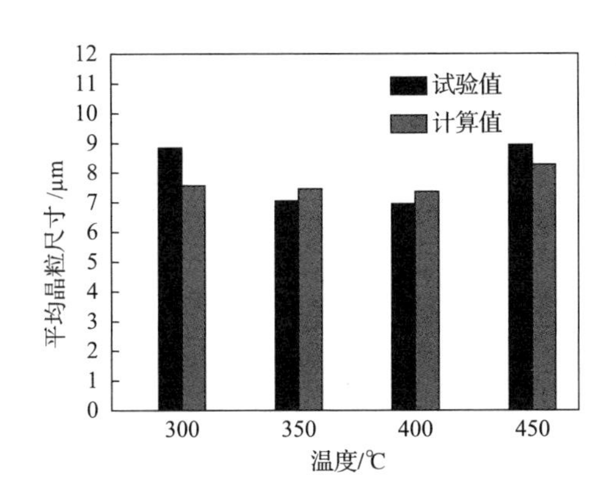

图 6-22　不同初轧温度单道次轧制后镁合金板平均晶粒尺寸实验值与计算值对比

6.4.3　AZ31B 镁合金单道次热轧制后抗拉强度模型

铸轧态 AZ31B 镁合金单道次不同工艺条件轧制后板材室温拉伸抗拉强度的统计分析见表 6-5。

表 6-5　不同轧制条件单道次热轧制后镁合金板抗拉强度

应变 ε（%）	20	30	40	50	30	30	30	30	30	30	30	30
轧制速度 v/(m/s)	0.5	0.5	0.5	0.5	0.3	0.5	0.8	1.0	0.5	0.5	0.5	0.5
温度 T/K	623	623	623	623	623	623	623	623	573	623	673	723
抗拉强度 σ_b/MPa	205.4	213.5	231.3	247.8	208.7	213.5	220.3	219.6	215.4	213.5	225.7	198.3

Hall-Petch（H-P）关系模型对材料强度和平均晶粒度间的相关性进行了数学关系表征：$\sigma=\sigma_f+kd^{-0.5}$，$d$ 为平均晶粒度。根据 H-P 关系模型，结合表 6-2 中热轧制后镁合金板的平均晶粒尺寸与表 6-5 中镁合金板的抗拉强度进行解析拟合，如图 6-23 所示，抗拉强度模型见式（6-25）。

$$\sigma_b(d) = 140.316 + 206.664d^{-0.5} \tag{6-25}$$

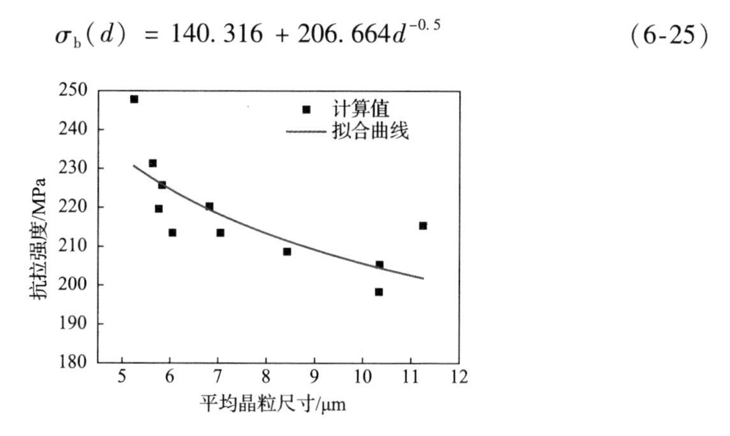

图 6-23　平均晶粒尺寸 d 与抗拉强度 σ_b 非线性拟合

6.4.4　组织性能预测模型的建立

AZ31B 镁合金平均晶粒尺寸预测模型表征了单道次热轧制后镁合金板平均晶粒尺寸 d 与轧辊直径 D，单道次轧制工艺设定的压下量 Δh、轧制速度 v、初轧温度 T 的数学关系；抗拉强度模型表征了轧制后镁合金板的室温宏观拉伸性能与微观组织间的数学关系。综合上述两个数学模型，建立了铸轧态 AZ31B 镁合金板材单道次热轧组织性能预测模型，见式（6-26）。

$$\begin{cases} \sigma_b(d) = 140.316 + 206.664d^{-0.5} \\ d(\dot{\varepsilon},T) = 17.253\exp\left(-0.459\ln\dot{\varepsilon} + \dfrac{104.575}{T}\right) \\ \dot{\varepsilon}(D,v,h_0,h_1,\Delta h) = \sqrt{\dfrac{2D}{\Delta h}}\dfrac{\left[h_1+\Delta h\left(\sqrt{\dfrac{\Delta h}{D}}-\dfrac{1}{2}\right)^2\right]v}{(D+h_1)^2}\left[\ln\dfrac{h_1(D-\Delta h)}{Dh_0}-\dfrac{\Delta h(D+h_1)}{h_0h_1}\right] \\ T \in (573\mathrm{K},723\mathrm{K}) \end{cases} \tag{6-26}$$

表6-6 为不同轧制条件下镁合金板室温拉伸抗拉强度 σ_b 的模型计算值与实验测量值的对比，模型的误差为 0.1% ~5%，平均相对误差为 3.57%，这表明该预测模型能够有效表征铸轧态 AZ31B 镁合金单道次热轧制后宏观力学性能、微观平均晶粒尺寸同轧辊参数和轧制工艺参数设定的相关性，并且能够用于指导轧制制度的制订和轧辊直径的选取。

表 6-6　不同轧制条件轧制后镁合金板抗拉强度模型计算值与实验测量值对比

应变 ε（%）	20	30	40	50	30	30	30	30	30	30	30	30
轧制速度 v/(m/s)	0.5	0.5	0.5	0.5	0.3	0.5	0.8	1.0	0.5	0.5	0.5	0.5
温度 T/K	623	623	623	623	623	623	623	623	573	623	673	723
实验值 σ_b/MPa	205.4	213.5	231.3	247.8	208.7	213.5	220.3	219.6	215.4	213.5	225.7	198.3
计算值 σ_b/MPa	212.1	216.0	219.2	221.9	207.7	216.0	224.6	229.1	215.5	216.0	216.5	216.9
误差（%）	3.28	1.19	5.25	10.44	0.51	1.19	2.00	4.32	0.01	1.19	4.08	9.39

但是，不容忽视的是，该模型计算值与实验值的最大相对误差达到了 10.44%，较大误差的产生主要包含两个主要原因：

一是从实验角度来看，进行轧制后材料微观组织和室温拉伸性能分析时，仅选取了沿 RD-ND（轧制 - 厚度方向）镁合金板中部位置制备金相试样和室温拉伸试样，并且所观察的金相组织具有不可避免的随机性，仅为所选取试样的局部组织，因此所测量的微观平均晶粒尺寸及宏观拉伸性能表征必然会存在误差；

二是从模型拟合范畴分析，仅考虑了轧制后镁合金板平均晶粒尺寸这一主要因素对抗拉强度的影响，忽略了板材微观织构、晶粒取向、晶粒分布等因素对拉伸性能的作用，因而这些原因导致了较大的模型拟合误差的出现。

在后续的镁合金热轧制组织性能预测工作的研究中，要对实验方案及组织性能分析方法进行进一步的完善工作，从多角度更加全面地分析镁合金热轧制塑性变形过程中工艺参数与微观组织演变和宏观力学性能间的紧密联系。

6.5　多道次轧制后AZ31B镁合金板成形性分析

图6-24为250～400℃初轧温度条件下，四道次不同轧制路径轧制后镁合金板的RD-TD（轧制－宽度方向）视图。

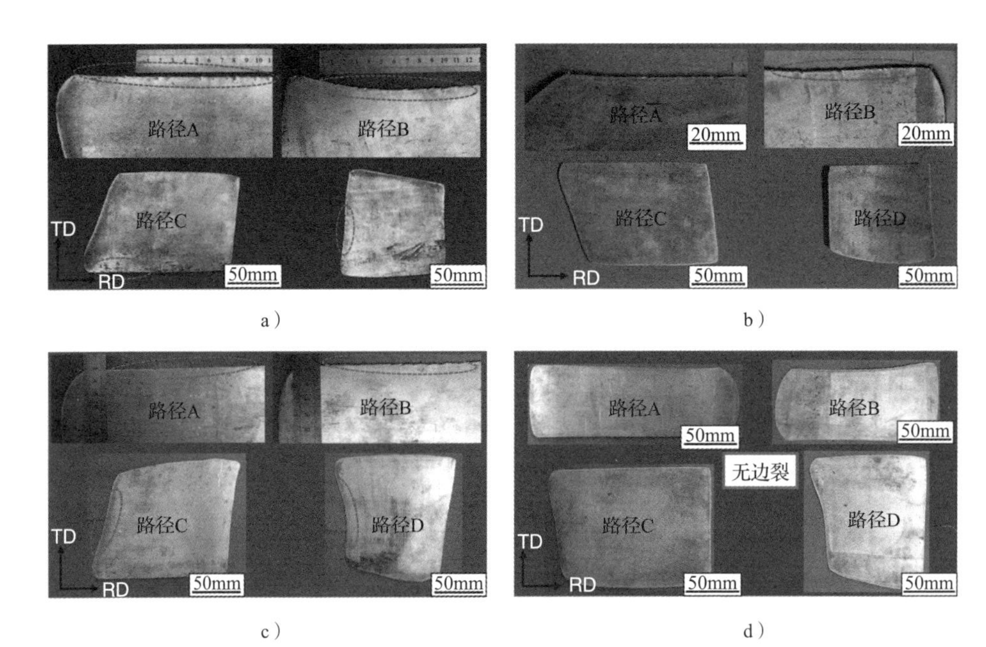

图6-24　250～400℃初轧温度下不同轧制路径轧制后镁合金板
a）250℃　b）300℃　c）350℃　d）400℃

由图6-24a、b、c可知，初轧温度为250℃、300℃及350℃时，经单向轧制A及轧制路径B的四道次轧制后，镁合金板沿轧制方向的整个边部均有边裂产生；轧制路径相同时，初轧温度越低，边裂现象越严重；初轧温度相同时，单向轧制A轧制后镁合金板的边裂程度最严重；轧制路径C及多道次交叉轧制路径D对边裂现象有较好的改善作用，仅有局部的边部裂纹产生，其中，多道次交叉轧制路径D对镁合金板边裂现象的改善最为明显。

由图6-24d可知，初轧温度提高到400℃时，四种不同轧制路径轧制后镁合金板的边裂均完全消除。因此，随着初轧温度的升高，多道次轧制后镁合金板的边裂现象逐渐减少，高温轧制对镁合金板边裂现象有较好的改善作用。

6.6　多道次轧制后 AZ31B 镁合金组织状态分析

6.6.1　轧制路径对轧制后镁合金板微观组织的影响

图 6-25 ~ 图 6-32 为 250 ~ 400℃初轧温度条件下，不同轧制路径轧制后镁合金板微观组织及平均晶粒尺寸对比图。通过对比相同初轧温度时不同轧制路径轧制后镁合金板微观组织及晶粒尺寸对比图可以看出，与单向轧制相比，轧制路径 B 和轧制路径 C 轧制后镁合金板晶粒细化不明显，轧制路径 D（多道次交叉轧制）轧制后微观组织细化程度最大，能够制备出具有均匀细小的等轴晶粒组织的板材。

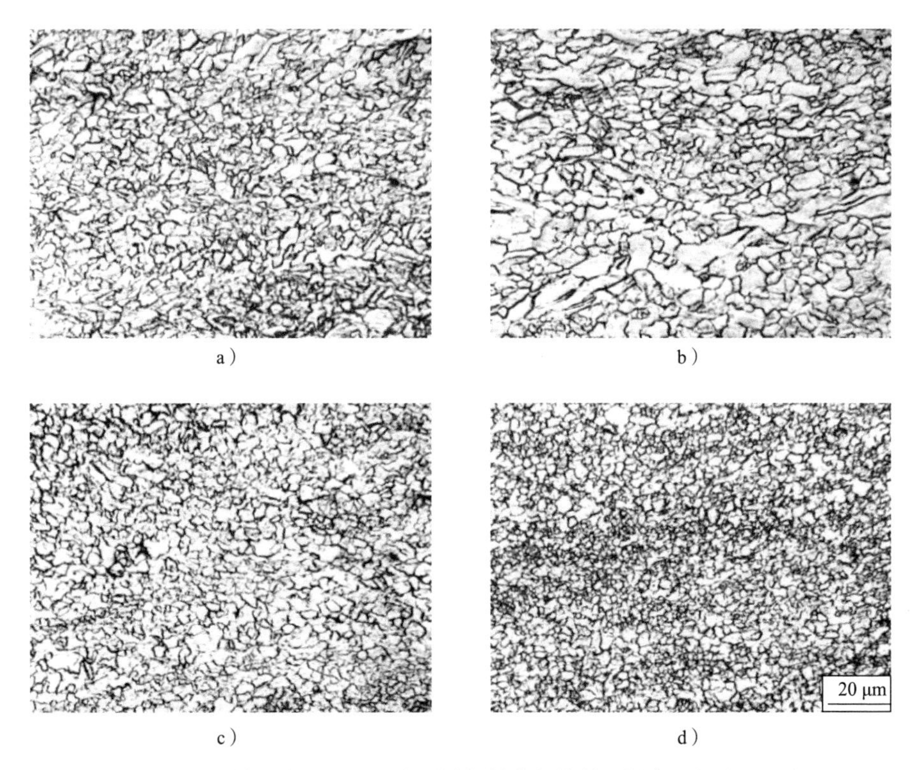

图 6-25　初轧温度为 250℃时不同轧制路径轧制后镁合金板微观组织
a）路径 A　b）路径 B　c）路径 C　d）路径 D

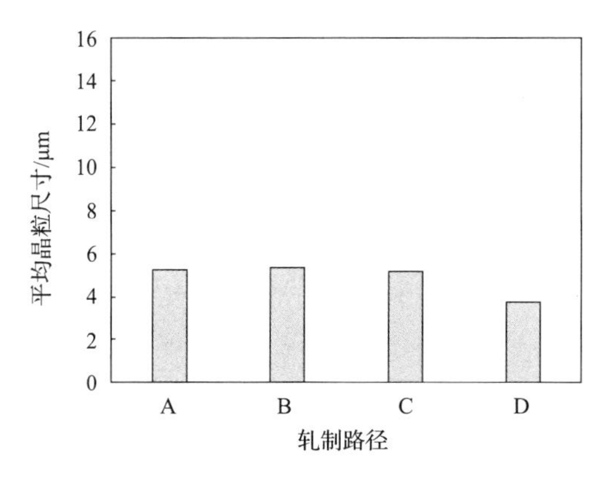

图 6-26　平均晶粒尺寸对比

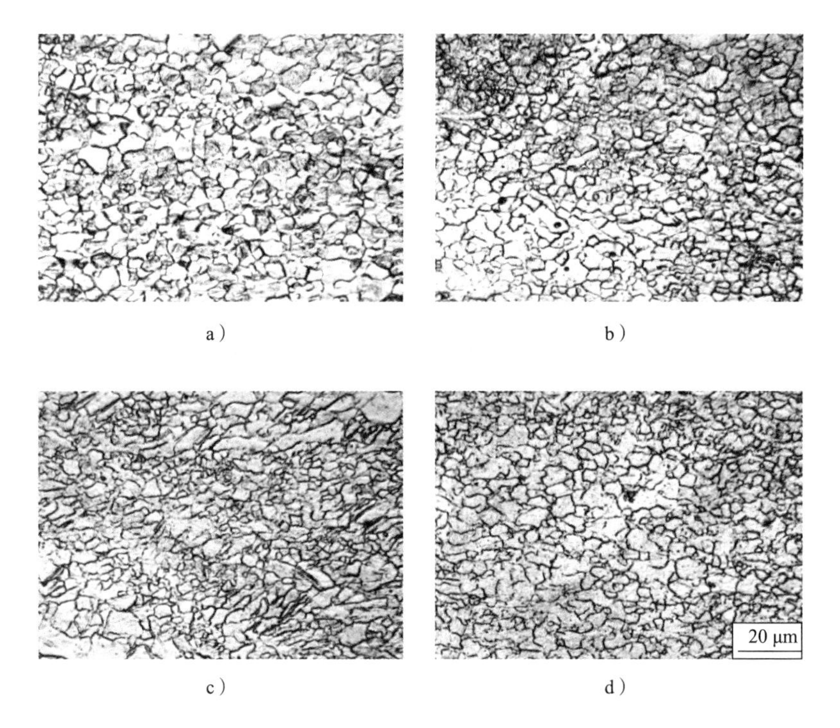

图 6-27　初轧温度为 300℃时不同轧制路径轧制后镁合金板微观组织

a）路径 A　b）路径 B　c）路径 C　d）路径 D

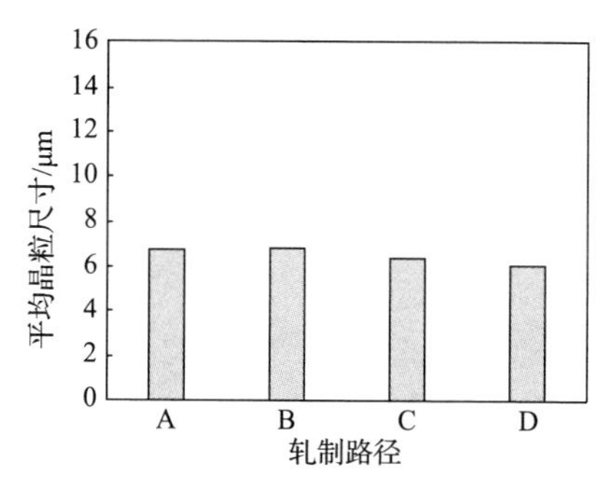

图 6-28　平均晶粒尺寸对比

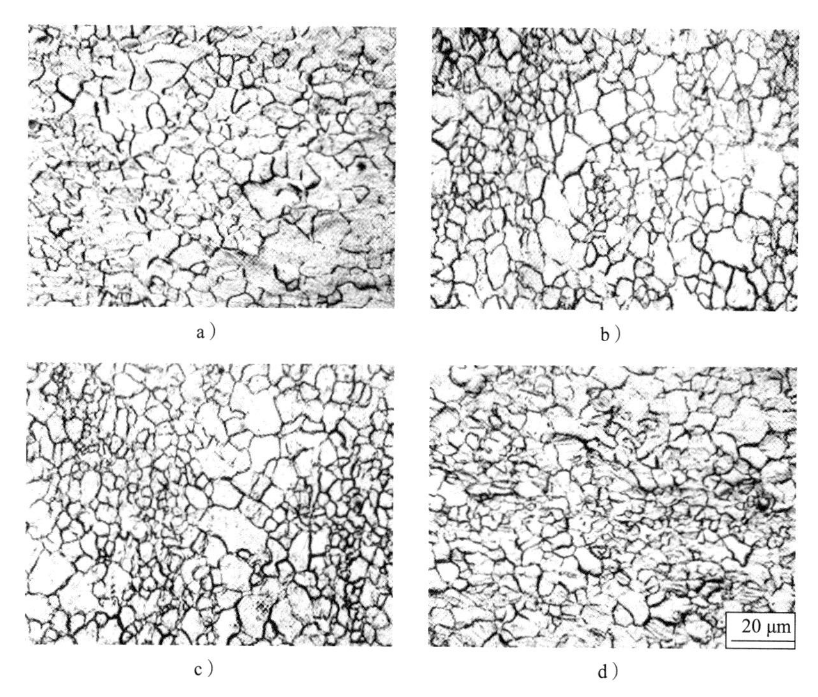

图 6-29　初轧温度为 350℃时不同轧制路径轧制后镁合金板微观组织
a）路径 A　b）路径 B　c）路径 C　d）路径 D

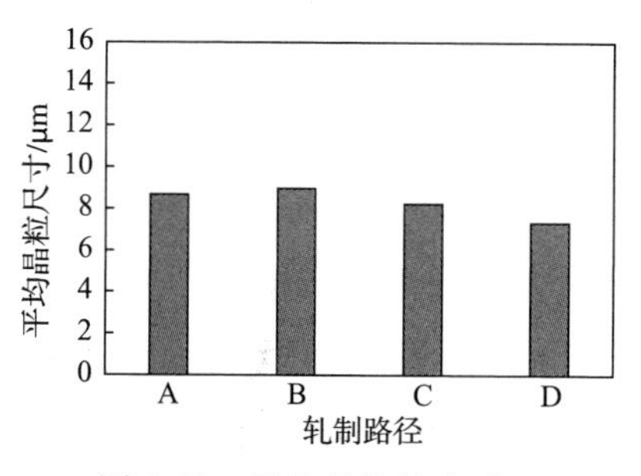

图 6-30　平均晶粒尺寸对比

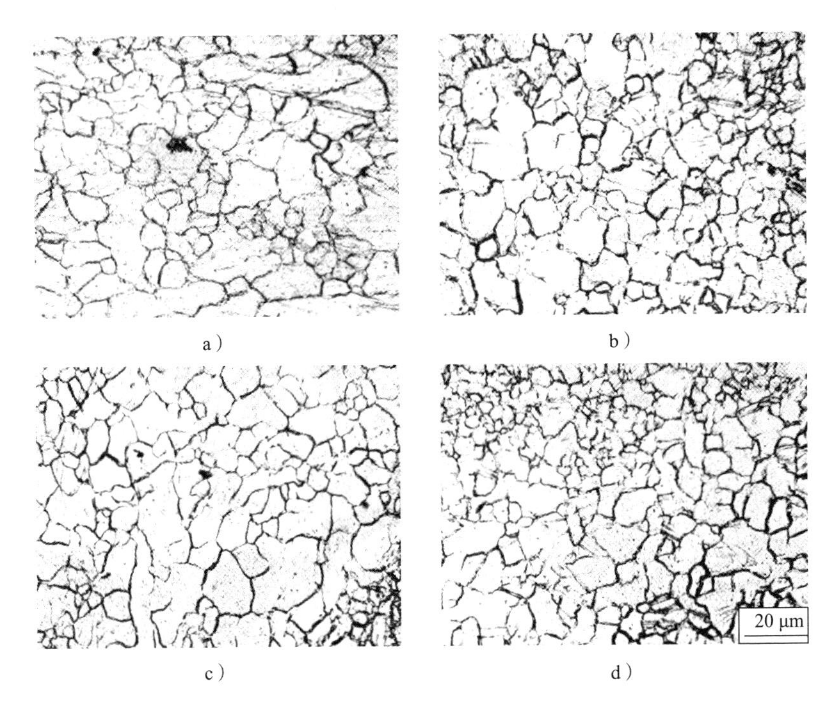

a）　b）　c）　d）

图 6-31　初轧温度为 400℃时不同轧制路径轧制后镁合金板微观组织
a）路径 A　b）路径 B　c）路径 C　d）路径 D

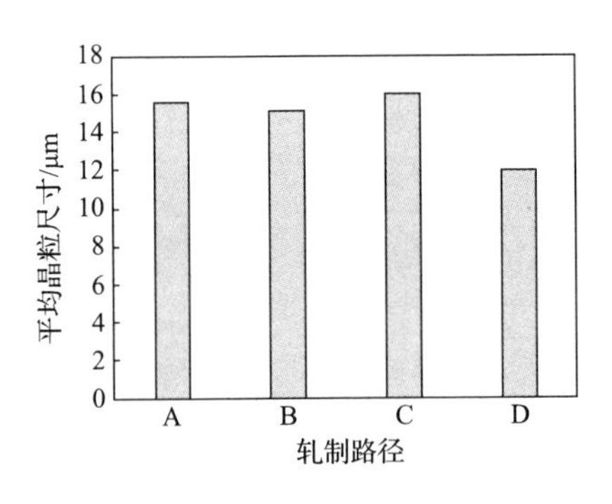

图 6-32　平均晶粒尺寸对比

AZ31B 镁合金铸轧板经一道次 30% 压下量轧制后，会形成强烈的（0001）基面织构，晶粒的 c 轴逐渐偏向 RD 方向；采用单向轧制路径 A 进行轧制时，镁合金板的织构强度会随着压下量的增加而逐渐减弱，显微组织中有孪晶出现，并且在晶界和孪晶周围会有动态再结晶晶粒逐渐形核，并在晶界和孪晶间长大，将孪晶“切断隔开”，被拉长的大晶粒也发生断裂，晶粒不断细化。相对于轧制路径单向多道次轧制，轧制路径 B 和 C 因轧制方向的改变，部分晶粒的 *c* 轴会朝 TD 方向偏转，且压下量越大，晶轴偏转越明显。由于轧制路径 B 仅在最后一道次改变了轧制方向，而且压下量较小，轧制路径 C 在第一道次轧制后改变了轧制方向，且压下量较大，导致轧制路径 C 比轧制路径 B 对晶粒等轴化和尺寸均匀化作用更为明显；多道次交叉轧制路径 D 由于轧制方向的交替改变，镁合金板所受的拉应力与压应力交替变化，导致作用在多晶体各个晶粒滑移面上的切应力方向不断发生改变，进而不断协调各个相邻晶粒间的变形，导致 Schmid 因子增加，产生了较多的软取向晶粒。软取向晶粒数增多后，较多晶粒处于有利于基面滑移的取向，使得基面滑移较为容易启动，晶粒细化也最为明显。

6.6.2　初轧温度对轧制后镁合金板微观组织的影响

通过对比相同轧制路径时不同初轧温度轧制后镁合金板微观组织可以看出，随初轧温度的提高，经多道次轧制后的镁合金板晶粒尺寸明显逐渐增大，这是因为较高的初轧温度，会使得微观组织晶界扩散和迁移能力增强，与单道次轧制后镁合金板晶粒尺寸演变情况不同的是，经多道次轧制后镁合金板材内部进行了较为充分的动态再结晶后，晶粒发生了明显长大。

6.6.3　多道次轧制后镁合金板晶粒尺寸分布

图 6-33 为 250～400℃初轧温度条件下，不同轧制路径轧制后镁合金板晶粒尺寸分布情况。由图 6-33a～d 可知，不同轧制路径轧制后镁合金板的晶粒尺寸呈现出较明显的单峰正态分布特点。与单向轧制路径 A 相比较，轧制路径 B 和 C 能够提高晶粒尺寸分布的均匀性，但并不明显，多道次交叉轧制路径 D 相对于其他轧制路径轧制后镁合金板的晶粒尺寸分布最均匀，且晶粒尺寸较小。因此，多道次交叉轧制路径 D 轧制后镁合金板的微观组织最均匀细小。

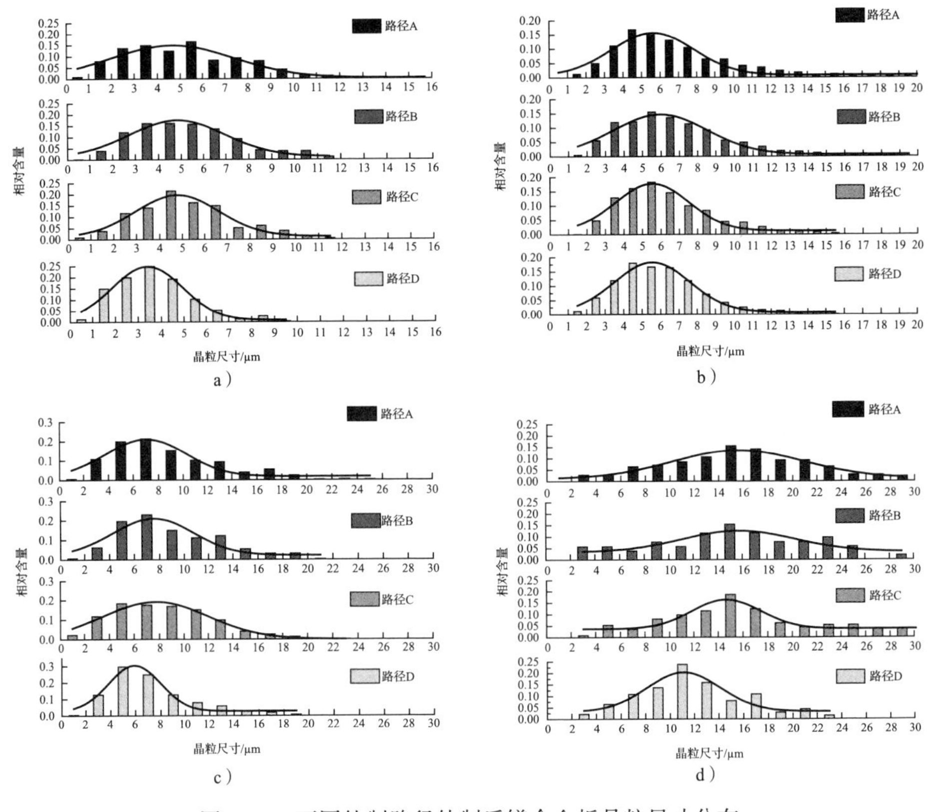

图 6-33　不同轧制路径轧制后镁合金板晶粒尺寸分布
a）250℃　b）300℃　c）350℃　d）400℃

6.7　多道次轧制后 AZ31B 镁合金板拉伸性能分析

6.7.1　轧制路径对轧制后镁合金板拉伸性能的影响

基面滑移、棱柱面滑移和锥面滑移是镁合金塑性变形的主要滑移方式，而在室温条件下，非基面滑移系的临界切应力远远高于基面滑移系的临界切应力，因此，室温拉伸变形时，非基面滑移系难以激活，基面滑移是主要的塑性变形机制。

镁合金板材的室温拉伸性能受晶粒度和织构两个主要因素的综合影响。镁合金多道次单向轧制路径 A 轧制后镁合金板的各向异性现象就是由晶体织构引起的。轧制路径 B、C 和 D 由于存在轧制方向的改变，轧制后镁合金板基面织构强度有所减弱，软取向晶粒增多，对材料强度有一定的软化作用；但晶粒细化后，单位体积内晶粒数量增多，晶界面积增大，导致晶界对位错运动的阻碍作用越发明显，同时又会增大材料强度；因此，晶粒尺寸和织构协调作用于轧制后镁合金板的抗拉性能。

图6-34～图6-36为250℃、300℃、350℃及400℃初轧温度下不同轧制路径轧制后镁合金板沿RD（轧制方向）、与RD呈45°和TD（宽度方向）室温拉伸屈服强度、抗拉强度和断后伸长率的对比，镁合金板的拉伸性能整体呈现出如下规律：初轧温度相同时，常规单向轧制轧制后镁合金板各向异性现象较为严重，轧制方向断后伸长率最大，沿镁合金板TD（宽度方向）抗拉强度最大，RD（轧制方向）抗拉强度最小；这是因为单向轧制后镁合金板部分微观织构的基面法向偏向了轧制方向，产生了｛0001｝基面织构，在沿轧制方向进行室温拉伸实验时，基面Schmid因子随着断后伸长率的增加而增大，产生

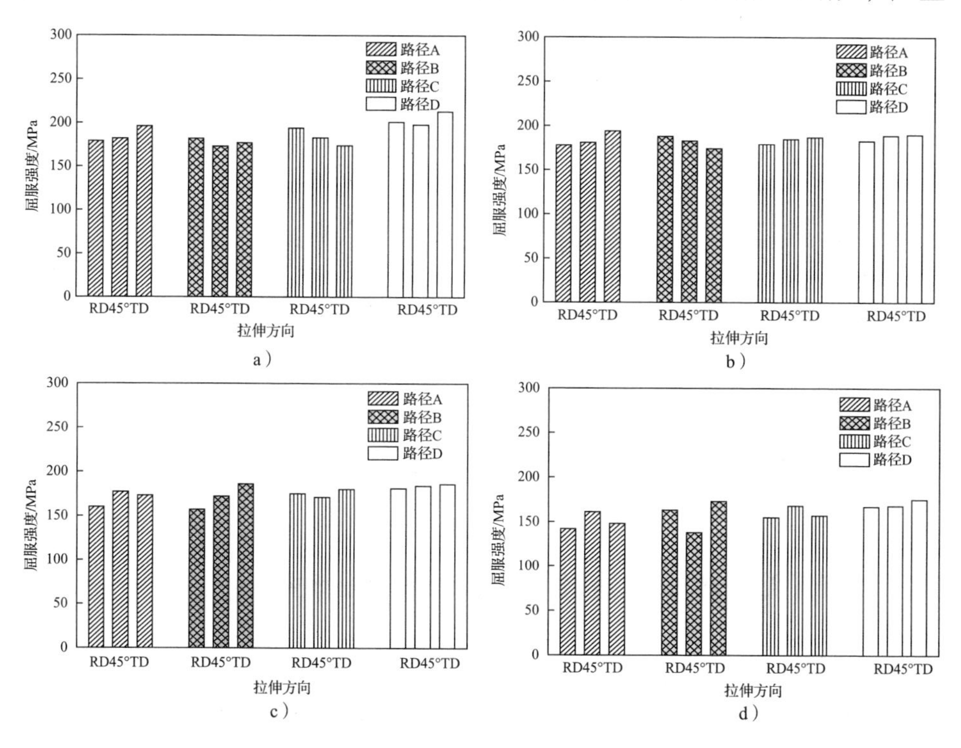

图6-34　不同轧制路径轧制后镁合金板屈服强度（RD，45°，TD）
a）250℃　b）300℃　c）350℃　d）400℃

了较多的软取向晶粒，强度较低。与单向轧制 A 相比，因细晶的强化作用大于织构的软化作用，轧制路径 B 与 C 轧制后镁合金板的屈服强度和抗拉强度有所提高，但程度较小，对各向异性现象有所改善；多道次交叉轧制路径 D 对减弱轧制后镁合金板各向异性效果最为明显，且有效提高了材料强度及塑性变形能力。

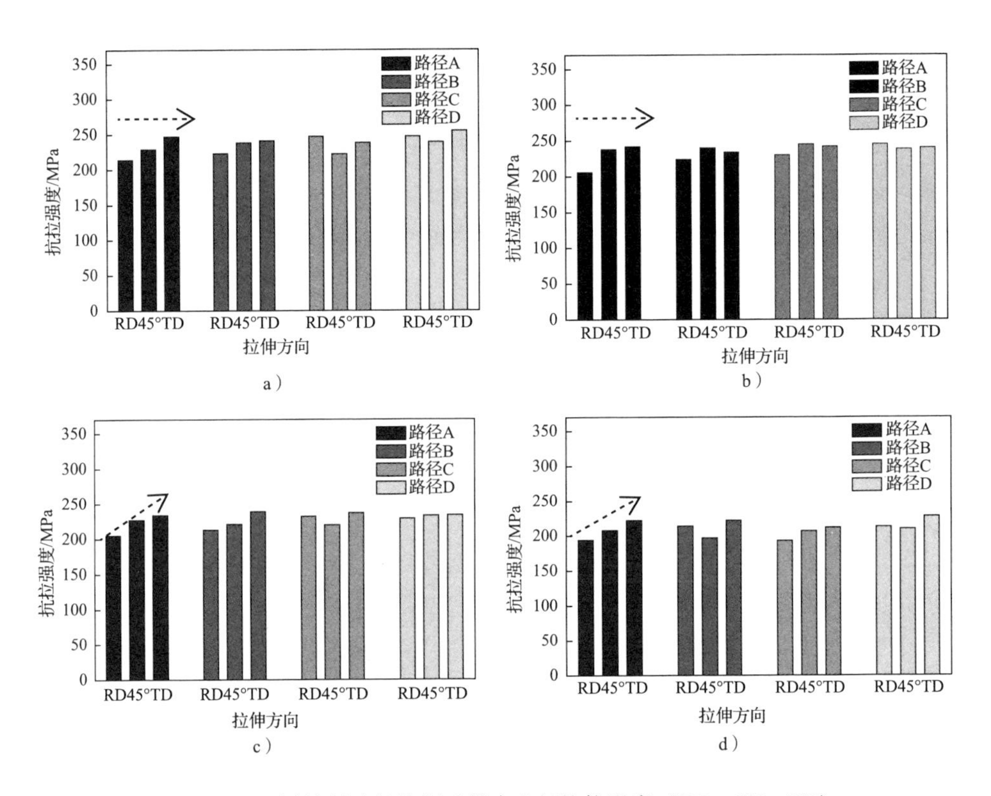

图 6-35　不同轧制路径轧制后镁合金板抗拉强度（RD，45°，TD）
a）250℃　b）300℃　c）350℃　d）400℃

6.7.2　初轧温度对轧制后镁合金板拉伸性能的影响

由图 6-34～图 6-36 可以看出，对比相同轧制路径条件下的镁合金板拉伸性能，多道次轧制后的镁合金板屈服强度和抗拉强度均随初轧温度的升高而减小，呈现出负相关关系，但断后伸长率逐渐增大。

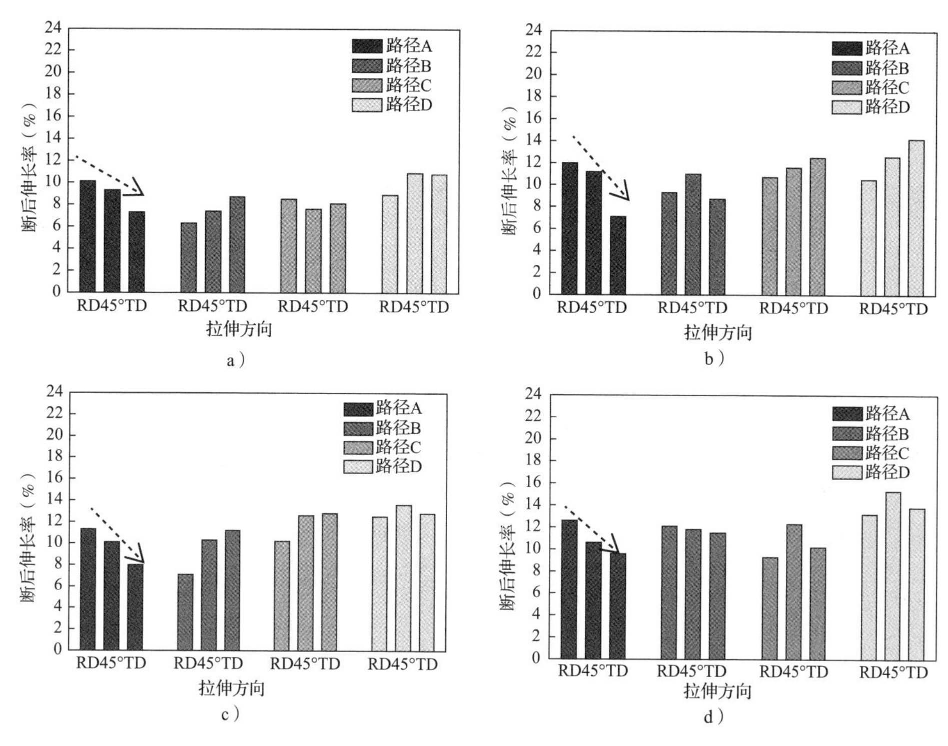

图 6-36　不同轧制路径轧制后镁合金板断后伸长率（RD，45°，TD）
a）250℃　b）300℃　c）350℃　d）400℃

6.8　多道次热轧 AZ31B 镁合金板抗拉强度预测模型的建立

在本章研究中，基于第 3 章多道次不同轧制路径轧制后镁合金板的组织性能实验数据分析，综合分析了平均晶粒尺寸和晶粒尺寸分布对轧制后镁合金板抗拉强度的影响，对霍尔 - 佩奇关系模型进行优化，建立了抗拉强度预测模型，进一步揭示了组织性能间的内在联系。

6.8.1　Hall-Petch 关系模型适用性分析

基于单晶和多晶材料的位错塞积理论模型，Hall 和 Petch 通过研究微观组织与屈服应力之间的关系，建立了适用于各种完全再结晶材料屈服应力的预测公式。

他们发现材料的屈服强度 σ_s 与平均晶粒尺寸 d 满足以下的数学关系：

$$\sigma = \sigma_f + kd^{-0.5} \tag{6-27}$$

这就是经典的霍尔－佩奇（Hall-Petch）关系模型。式中，σ_f 是以动单个位错时产生的晶格摩擦阻力，k 是一个与材料的种类和性质有关的常数。但值得注意的是，H-P 关系仅适用于平均晶粒尺寸 d 大于 1 μm 的微米量级范围内的材料，对于晶粒尺寸范围为纳米量级的材料并不适用，这是因为当晶粒尺寸大于 1 μm 时，晶界所占的体积相对于晶粒来讲可以忽略不计，位错塞积理论能够很好地适用于该范围内的微观组织演变分析。

而对于纳米级材料，晶界所占的体积不能忽略，建立强度模型时需要考虑位错和晶界滑移的同时作用，这使得基于位错塞积理论推导出来的 H-P 关系模型并不适用，出现了“逆”H-P 关系，即出现了细晶软化现象。

本研究中的铸轧态 AZ31B 镁合金轧制后板材的微观晶粒尺寸范围为微米量级，因此符合 H-P 关系。

6.8.2　抗拉强度预测模型

H-P 关系模型很好地揭示了细晶强化理论，即常温下材料的晶粒越细小，晶界对位错运动的阻碍作用越强，进而强度越高。对材料的力学性能进行表征的 H-P 理论仅考虑了平均晶粒尺寸这一主要因素对屈服强度的影响，当基于这一理论分析镁合金轧制变形微观组织与宏观力学性能关系时，可以进一步综合其他影响因素对 H-P 理论进行优化。

F. Kaise 等建立了 AZ31B 镁合金薄板晶粒尺寸与屈服强度之间的关系式：$\sigma_s = 0.24d^{-\frac{1}{2}} + 109$，发现随着晶粒尺寸的减小，镁合金薄板的室温断后伸长率逐渐增大。J. Y. Jung 等对经过变形即晶粒碎化产生亚晶之后的材料的 H-P 关系式进行了完善：$\sigma_s = \sigma_f + kd^{-m}$，$m$ 值随不同的微观组织形貌在 0.5～1 之间变化。目前，基于 H-P 关系进行材料微观组织与宏观力学性能的研究，大多只关注了平均晶粒尺寸与力学性能的相关性，仍需进一步完善轧制后镁合金板组织与性能的关系模型。

多项研究表明，材料的抗拉强度、显微硬度等表征材料力学性能的参数均与平均晶粒尺寸存在 H-P 关系。在通过 H-P 理论研究材料宏观力学性能与微观晶粒尺寸的关系时，综合考虑平均晶粒尺寸及其分布情况，能够建立更为精确的抗拉性能预测模型。

6.8.3　轧制后镁合金板平均晶粒尺寸及晶粒尺寸分布系数

在多晶体材料中，大尺寸晶粒的分布会导致单位体积内晶界变少，位错运动阻碍减小，进而使得材料的变形抗力变小，在塑性变形过程中通常先于小尺寸晶粒发生变形。由此可见，不同尺寸晶粒对宏观变形性能及程度的影响是不同的，因此轧制后镁合金板微观晶粒尺寸分布对宏观力学性能的影响是不容忽视的。

为了表征轧制后镁合金板的晶粒尺寸分布情况，引入了反映一组晶粒尺寸数据离散程度的无量纲参数 d_{CV}，$d_{CV}=d_{SD}/d$，$d_{SD}=\sqrt{(d'-d)^2}/nd$，因此：

$$d_{CV} = \sqrt{(d'-d)^2}/nd^2 \tag{6-28}$$

式中，d'是单个晶粒尺寸（μm）；d 是平均晶粒尺寸（μm）；d_{SD}是晶粒尺寸标准差；d_{CV}是晶粒尺寸分布系数；n 是晶粒个数。晶粒尺寸分布系数 d_{CV}表征了材料晶粒尺寸分布的均匀性，d_{CV}越小，晶粒尺寸分布越均匀。

基于 250℃、300℃、350℃及 400℃初轧温度条件下不同轧制路径轧制实验，采用 Photoshop 和 Image Pro Plus 软件对轧制后镁合金板晶粒尺寸进行统计，并基于式（6-28）进行晶粒尺寸分布系数的计算。多道次轧制后镁合金板的平均晶粒尺寸及晶粒尺寸分布系数见表 6-7。

表 6-7　不同轧制路径轧制后镁合金板的平均晶粒尺寸及晶粒尺寸分布系数

初轧温度/℃	250		300		350		400	
晶粒尺寸	d/μm	d_{CV}	d/μm	d_{CV}	d/μm	d_{CV}	d/μm	d_{CV}
轧制路径 A	5.23	0.466	6.72	0.461	8.68	0.500	15.53	0.381
轧制路径 B	5.33	0.436	6.81	0.442	8.97	0.454	15.06	0.447
轧制路径 C	5.13	0.415	6.36	0.409	8.24	0.480	15.98	0.398
轧制路径 D	3.73	0.449	6.09	0.396	7.34	0.468	11.92	0.373

取 250℃、300℃、350℃及 400℃初轧温度条件下不同轧制路径轧制后镁合金板 RD、与 RD 成 45°和 TD 方向室温拉伸抗拉强度的平均值表征轧制后镁合金板的综合抗拉性能，不同轧制条件下轧制后镁合金板抗拉强度见表 6-8。

表 6-8 不同轧制条件轧制后镁合金板的抗拉强度

初轧温度/℃	250	300	350	400
轧制路径	抗拉强度 σ_b/MPa			
轧制路径 A	230	228.7	222	208
轧制路径 B	234	232.7	221	211
轧制路径 C	235.7	239	229.7	204
轧制路径 D	247	241	232	217

Kuhlmeyer M 曾在其研究中指出，在采用 Hall-Petch 理论研究晶粒尺寸与其屈服强度间数学关系时，并非采用平均晶粒尺寸，应采用 1% 最大晶粒中的某一晶粒尺寸，但并未明确指出具体的分析方法。

所以，本章基于 H-P 公式的数学表征意义，综合平均晶粒尺寸及晶粒尺寸分布情况，进一步研究镁合金多道次热轧制后抗拉强度与微观组织之间的数学关系，对 H-P 公式进行进一步完善：

$$\sigma_b = \sigma_0 + kd^{-m-d_{CV}} \tag{6-29}$$

对表 6-7 和表 6-8 中 250 ~ 400℃ 初轧温度不同轧制路径轧制后镁合金板抗拉强度与平均晶粒尺寸进行非线性拟合，建立了铸轧态 AZ31B 镁合金多道次轧制抗拉强度预测模型：

$$\sigma_b = 191.434 + 168.030d^{(-0.3426-d_{CV})}, d \geqslant 1\ \mu m \tag{6-30}$$

图 6-37 为铸轧态 AZ31B 镁合金抗拉强度数学预测模型图，从图中可以看出，轧制后镁合金板的抗拉强度受平均晶粒尺寸及晶粒尺寸分布的共同作用，抗拉强度与平均晶粒尺寸存在负相关关系；并且晶粒尺寸分布越均匀，抗拉强度越大。

6.8.4 模型的验证及误差分析

为了更好地验证该抗拉强度预测模型的准确度，本章对表 6-7 和表 6-8 中 250℃、300℃、350℃及 400℃初轧温度不同轧制路径轧制后镁合金板抗拉强度与平均晶粒尺寸进行了原 H-P 关系拟合：

$$\sigma_b' = 166.542 + 152.635 \cdot d^{-0.5} \tag{6-31}$$

由式（6-31）计算得到的镁合金板抗拉强度值与实验值的比较见表 6-9，

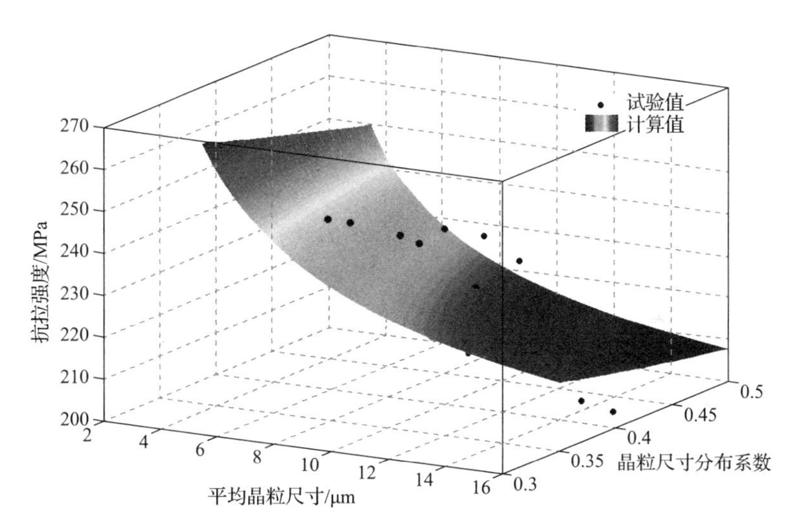

图 6-37　AZ31B 镁合金抗拉强度预测模型图

仅考虑材料的平均晶粒尺寸，AZ31B 镁合金热轧制后 Hall-Petch 关系模型的平均相对误差为 2.3%，最大相对误差为 5.3%。

表 6-9　不同路径轧制后镁合金板 H-P 关系模型计算值与实验测量值对比

初轧温度/℃	250				300			
轧制路径	A	B	C	D	A	B	C	D
实验值 σ_b/MPa	230	234	235.7	247	228.7	232.7	239	241
计算值 σ_b/MPa	233.3	232.7	233.9	245.6	225.4	225.0	227.1	228.4
误差（%）	1.5	0.6	0.8	0.6	1.5	3.3	5.1	5.3
初轧温度/℃	350				400			
轧制路径	A	B	C	D	A	B	C	D
实验值 σ_b/MPa	222	221	229.7	232	208	211	204	217
计算值 σ_b/MPa	218.4	217.5	219.7	222.9	205.3	205.9	204.8	210.8
误差（%）	1.6	1.6	4.4	4.0	1.3	2.5	0.4	2.9

表 6-10 为多道次轧制路径轧制后镁合金板抗拉强度预测模型计算值与实验值的比较。如表 6-10 所示，综合考虑材料的平均晶粒尺寸及晶粒尺寸分布这两个主因素，AZ31B 镁合金热轧制后抗拉强度预测模型的平均相对误差为 2.0%，最大相对误差为 4.5%，相对于原 H-P 关系模型计算的误差较小，能够更好地表征材料宏观抗拉强度与微观组织的较强相关性，提高了镁合金轧制后组织性能关系预测精度。

表 6-10　不同路径轧制后镁合金板抗拉强度预测模型计算值与实验测量值对比

初轧温度/℃	250				300			
轧制路径	A	B	C	D	A	B	C	D
实验值 σ_b/MPa	230	234	235. 7	247	228. 7	232. 7	239	241
计算值 σ_b/MPa	235. 5	237. 1	240. 1	250. 7	227. 8	228. 7	233. 3	235. 7
误差（%）	2. 4	1. 3	1. 9	1. 5	0. 4	1. 7	2. 4	2. 2
初轧温度/℃	350				400			
轧制路径	A	B	C	D	A	B	C	D
实验值 σ_b/MPa	222	221	229. 7	232	208	211	204	217
计算值 σ_b/MPa	218. 6	220. 7	221. 1	224. 8	214. 5	211. 2	213. 0	220. 0
误差（%）	1. 5	0. 2	3. 7	3. 1	3. 1	0. 1	4. 5	1. 4

参考文献

[1] 黄志权，黄庆学，马立峰，等．宽幅 AZ31B 镁合金铸轧板显微组织和性能研究［J］．材料研究学报，2013（3）：292-298.

[2] X D Hu，Q Yu，K M Sun，et al. Microstructure evolution of AZ31 magnesium alloy in rolling zone［J］. Materials Science Forum. 2013，750（3）：176-179.

[3] J R Lu，Q Liu，W Liu，et al. The effect of {1011} - {1012} double twinning on the microstructure, texture and mechnical properties of AZ31 magnesium alloy sheet during rolling deformation［J］. Acta Metallurgica Sinica，2011，12（47）：1567-1574.

[4] 毛萍莉，刘正，王长义，等．高应变速率下 AZ31 镁合金的各向异性及拉压不对称性［J］．中国有色金属学报，2012，22（5）：1262-1269.

[5] 史国栋，乔军，何敏，等．铸轧 AZ31 镁合金在高温拉伸中的动态再结晶行为［J］．中国有色金属学报，2013，23（7）：1796-1804.

[6] 赵德文，铁维麟．轧制应变速率参数 $\dot{\varepsilon}$的精确计算方法［J］．应用科学学报，1995，1（13）：103-108.

[7] 吕立华．金属塑性变形与轧制原理［M］．北京：化学工业出版社，2007.

[8] P Changizian，A Zarei-Hanzaki，A A Roostaei. The high temperature flow behavior modeling of AZ81 magnesium alloy considering strain effects［J］. Materials & Design，2012（39）：384-389.

[9] 杨文朋，郭学锋，任昉，等．往复挤压镁合金再结晶组织表征［J］．中国有色金属学报，2013，23（10）：2730-2737.

[10] 陈振华. 变形镁合金 [M]. 北京：化学工业出版社，2005.

[11] J R Luo, Q Liu, W Liu, et al. The effect of {1011} - {1012} double twinning on the microstructure, texture and mechanical properties of AZ31 magnesium alloy sheet during rolling deformation [J]. Acta Metallurgica Sinica, 2011, 47 (12): 1567-1574.

[12] D G Kim, K M Lee, J S Lee, et al. Evolution of microstructures and textures in magnesium AZ31 alloys deformed by normal and cross- roll rolling [J]. Materials Letters, 2012, 75 (5): 122-125.

[13] H Zhang, G Huang, H J Roven, et al. Influence of different rolling routes on the microstructure evolution and properties of AZ31 magnesium alloy sheets [J]. Materials & Design, 2013 (50): 667-673.

[14] T Al-Samman, G Gottstein. Influence of strain path change on the rolling behavior of twin roll cast magnesium alloy [J]. Scripta Materialia, 2008, 59 (7): 760-763.

[15] 胡水平，王哲. 织构和晶粒尺寸对 AZ31 镁合金薄板成形性能的影响 [J]. 中国有色金属学报，2012，22 (9)：2424-2429.

[16] 陈振华，夏伟军，程永奇，等. 镁合金织构与各向异性 [J]. 中国有色金属学报，2005，15 (1)：1-11.

[17] X Huang, K Suzuki, Y Chino, et al. Influence of rolling temperature on static recrystallization behavior of AZ31 magnesium alloy [J]. Journal of Materials Science, 2012, 47 (11): 4561-4567.

[18] X Huang, K Suzuki, Y Chino, et al. Texture and stretch formability of AZ61 and AM60 magnesium alloy sheets processed by high- temperature rolling [J]. Journal of Alloys and Compounds, 2015, 632 (5): 94-102.

[19] 李秀莲，王茂银，辛仁龙，等. AZ31 镁合金挤压轧制过程微观织构演变 [J]. 材料热处理学报，2010，31 (5)：61-64.

[20] A Jäger, P Lukáč, V Gärtnerová, et al. Tensile properties of hot rolled AZ31 Mg alloy sheets at elevated temperatures [J]. Journal of Alloys and Compounds, 2004, 378 (1): 184-187.

[21] K P Rao, Y. Prasad, K Suresh. Anisotropy of flow during isothermal forging of rolled AZ31B magnesium alloy rolled plate in three orthogonal directions: Correlation with processing maps [J]. Materials Science and Engineering: A, 2012, 558 (12): 30-38.

[22] F A Mirza, D L Chen. A Unified Model for the Prediction of Yield Strength in Particulate-Reinforced Metal Matrix Nanocomposites [J]. Materials, 2015, 8 (8): 5138-5153.

[23] 邹章雄，项金钟，许思勇 . Hall-Petch 关系的理论推导及其适用范围讨论 [J]. 物理测试，2012，30 (6)：13-17.

[24] 卢柯，刘学东，胡壮麟. 纳米晶体材料的 Hall-Petch 关系 [J]. 材料研究学报，1994，8 (5)：385-391.

[25] Y Wang，H Choo. Influence of texture on Hall-Petch relationships in an Mg alloy [J]. Acta Materialia，2014，81 (12)：83-97.

[26] C Ha，N J Park. Effect of rolling direction on the development of microstructure，texture，and mechanical properties of AZ31B alloys [J] . International Journal of Precision Engineering and Manufacturing，2014，15 (9)：1955-1959.

[27] J Y Jung，J K Park，C H Chun，et al. Hall-Petch relation in two-phase TiAl alloys [J]. Mat Sci Eng a-Struct，1996，220 (1-2)：185-190.

[28] M Furukawa，Y Iwahashi，Z Horita，et al. Structural evolution and the Hall- Petch relationship in an Al- Mg- Li-Zr alloy with ultra-fine grain size [J]. Acta Materialia，1997，45 (11)：4751-4757.

[29] J W Fan，Q Y Liu，H R Hou，et al. The Strength of Ultra-fine Grained Ferrite Steel [J]. Heat Treatment of Metals. 2007 (7)：5-10.

[30] N Ono，R Nowak，S Miura. Effect of deformation temperature on Hall-Petch relationship registered for polycrystalline magnesium [J]. Materials Letters，2004，58 (1)：39-43.

[31] H Y Chao，Y Yang，X Wang，et al. Effect of grain size distribution and texture on the cold extrusion behavior and mechanical properties of AZ31 Mg alloy [J]. Materials Science and Engineering：A，2011，528 (9)：3428-3434.

[32] M Kuhlmeyer. Relation Between Statistical Grain Size Distribution and Yield Strength [J] Strength of Metals and Alloys，1979 (2)：855-860.

第7章 AZ31B镁合金板材轧制边裂行为研究

7.1 实验方法

AZ31B镁合金板材热轧实验在二辊平辊轧机上进行轧制：轧辊直径380 mm、辊身长度300 mm、最大轧制力1200 kN。热轧实验试样规格：350 mm×250 mm×7 mm（长×宽×厚）。具体实验方案：设定轧制速度0.5 m/s，道次压下量30%，总压下量65%，开轧温度分别为450℃、400℃、350℃、300℃；每块试样在放入加热炉前，使炉内温度达到该试样实验设定温度，保温10 min，使炉内具有均匀的温度场，再将试样放入炉中，保温40 min，然后进行轧制。开始轧制前需对轧辊预热，使轧辊表面温度达到120～160℃。从试样出炉到一个轧程完成，用红外线测温仪分别对试样边部和表面进行出炉温度、轧件咬入和离开轧辊时温度的多点测量，并对轧辊轧制前和轧制后辊面温度进行测量。道次间需进行补温，根据板厚设定补温时间10～15 min（个别试样进行了连续往复多道次轧制，没有进行中间补温）。在进行轧制时注意试件轧制方向与铸轧时方向保持一致（轧制方向影响测试的试样除外）。本实验共分五部分：①温度影响测试；②压下量影响测试；③轧制速度影响测试；④宽径比及辊形影响测试；⑤裂纹扩展情况测试。其中温度和压下量影响测试，每个条件下各试验3块。前三项用不带铸轧裂纹的试件，后两项用一边带铸轧裂纹的试件。

7.2 工艺因素对镁合金板材轧制边裂行为的影响机制

7.2.1 温度对镁合金轧制边裂的影响

温度对镁合金的塑性变形能力起到决定性作用，轧制温度不仅影响到镁合金轧制变形过程中起动的滑移系的数量，而且对晶粒将采取何种变形方式有着重要的影响。而在轧制过程中，轧件与环境之间的热辐射、与轧辊、辊道间的热传递，使得轧件有较大的温降；同时轧件自身变形过程中产生的变形热和与轧辊因摩擦产生的热量，引起了轧件温度升高。而镁合金的比热容低［比热容为 1.11 kJ/(kg · K)］、散热快（热辐射率约为 0.9），尤其对于宽幅镁合金板带生产，由于坯料规格较大，轧线较长，轧件大多数时间暴露于室温条件下，致使轧件从出炉到进行轧制、以及随后的各道次轧制都有较大的温降，特别是板边与中部的温差更大。将热压缩实验各变形条件下的温度均上调 50℃作为开轧温度，来进行温度对边裂的影响测试。结合生产一线的实践经验，轧制温度是镁合金板带生产过程中产生边裂的重要原因之一。在已公布的文献中，关于轧制温度对镁合金板带轧制和边裂的影响鲜有报道，大多是特定的几个温度条件下轧制温度对组织变化和力学性能的影响。在进行轧制温度对边裂的影响测试实验时，设定轧制速度为 0.5 m/s，总压下量为 65% 以上，表 7-1 为温度对边裂的影响测试结果。

表 7-1　镁合金轧制温度及压下量对边裂的影响测试实验结果

试件编号	轧制道次	压下量（%）	开轧温度/℃	最大边裂深度/mm
T300	1	26.33	334	8
	3	22.97	311	9
	5	15.85	306	9
	8	14.69	294	11
T350	1	29.94	348	0
	2	20.6	280	0
	3	10	197	3
T400	1	31.77	414	0
	2	28.19	389	2
	3	27.96	364	6
T400/Y60	1	58.53	396	10
T450/Y60	1	57.9	440	7

图 7-1 为在 300℃下多道次轧制时产生的边裂形貌，图 7-1a 和 b 分别为经

过 1 道次和 3 道次轧制后产生的边裂。可以看出在该温度下经过一道次轧制后，轧件边部出现了明显的裂纹，扩展方向与轧制方向近似垂直，即呈“1”字形裂纹，但裂纹两侧呈明显的层错特征贯穿整个板厚；经过 3 个道次轧制后，边裂形貌如图 7-1b 所示，图中 $1^{\#}$裂纹为整块试样上深度最大的裂纹，此时该裂纹深度为 8 mm；图 7-1c 为又经过了两个道次轧制后裂纹的变化情况，从图中可以看出 $1^{\#}$裂纹由“1”字形转变成了“v”字形裂纹，裂纹有了明显的张角，此时裂纹深度为 9.5 mm。该试样共进行了 8 道次的轧制，在随后的多道次轧制实验中获得了同样的结果，即一旦裂纹产生后，在随后的轧制中，裂纹张角随轧制道次增多而明显变大，但沿板宽方向延伸较少。经过 8 道次轧制后，试样厚度由 6.8 mm 轧到了 0.8 mm，整块试样上，$1^{\#}$裂纹深度达到 11 mm，裂纹张角宽度由 0 mm 增大到了 9.5 mm，如图 7-1d 所示。

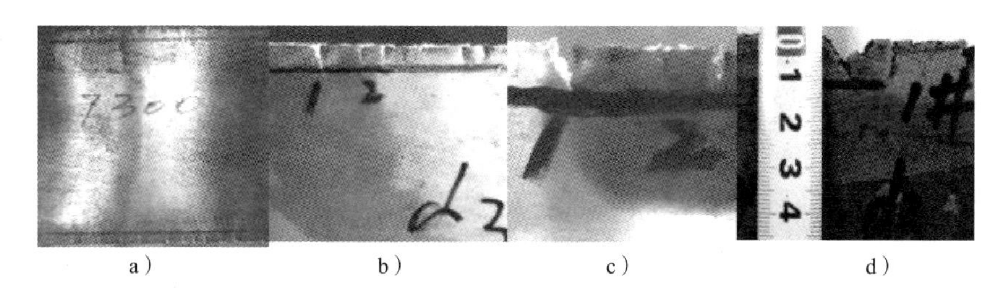

a)　　b)　　c)　　d)

图 7-1　300℃下多道次轧制镁合金板材所产生的边裂形貌

在 350℃下共进行了 3 个道次的可逆轧制，实际压下量依次为 29.94%、20.6%、10% 降压下量轧制。与试样 T300 相比较，虽然第一道次都采用约 30% 的压下量，但在 350℃下，第一道次并没有边裂产生。在进行第二道次轧制时试样温度已经降至 280℃，设定 20.6% 的压下量轧制仍然没有产生边裂。第三道次 10% 的压下量、开轧温度为 197℃，出现了边裂，但整块试样边裂程度远比试样 T300 在第一道次轧制后小，最大边裂深度仅为 3 mm，如图 7-2 所示，图 b 为图 a 中深度最大的 $1^{\#}$裂纹放大效果。

在开轧温度 400℃下，进行了两组实验。采用降压下量轧制时，道次压下量依次为 30%、20% 和 10%，轧制后得到了与试样 T350 相似的结果，试样边部几乎没有出现边裂。而在相同的开轧温度、轧制速度和压下量总和相等的条件下，三个道次压下量均为 20% 时，出现了明显的边裂。同时进行了极限压下测试，开轧温度 400℃、压下量为 58.53%（试样编号为 T400Y60），只经过

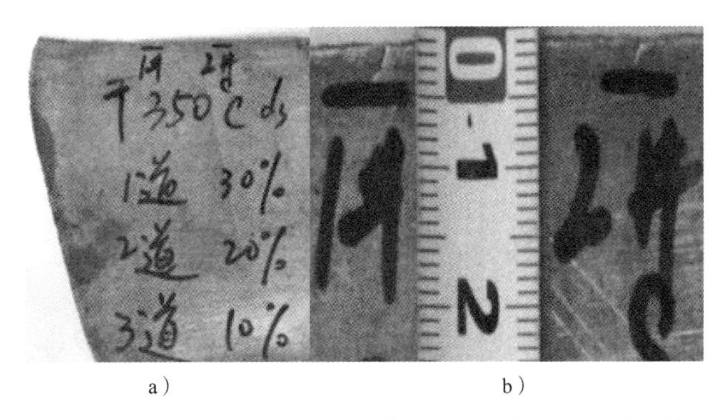

a)　　　　b)

图 7-2　350℃下多道次轧制镁合金板材所产生的边裂形貌

一个道次的轧制，整块试样出现了严重的边裂，如图 7-3a 所示，最大裂纹深度为 10 mm，如图 7-3b 所示。为了进行对比分析，在同等压下量下，将开始轧制温度提高至 450℃（试样编号为 T450Y60），经过一个道次的轧制后，虽然整块试样也出现了较为严重的边裂，但裂纹深度均比试样 T400Y60 小很多，但二者边部裂纹都呈现锯齿状特征，如图 7-3c 所示，最大裂纹深度为 7 mm，如图 7-3d 所示。从实验的结果可以看出，在同一轧制条件下，随着首道次压下量的增大，无论是边部裂纹的数量，还是边裂的深度都明显增加。

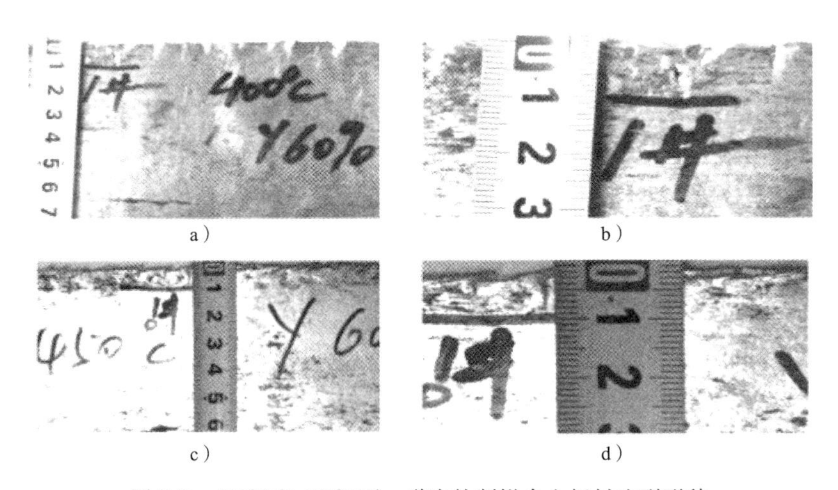

a)　　　　b)

c)　　　　d)

图 7-3　400℃和 450℃下一道次轧制镁合金板材边裂形貌

7.2.2　压下量和轧制道次对边裂的影响

密排六方晶体结构的镁合金，在室温条件下只有三个独立的滑移系。根据多晶体塑性变形协调原则，必须满足五个独立的滑移系才能实现多晶体在晶界处的变形协调原则。因而，镁合金在室温条件下塑性较差，即使变形温度达到了高温滑移面被激活的条件，从前几章中可知镁合金轧制过程的温降较大，且温降致使温度场的分布不均匀，因而使得轧件在不同区域启动了不同的滑移系、以不同的变形机制发生了变形。为了尽可能地减少压下量对轧件不同区域（中部与边部）的变形差异影响，镁合金的轧制只能采取小压下量多道次的轧制规程进行。而镁的高导热性和低热容特性，使得小压下量下的宽幅镁合金板带轧制，从坯料到成品需多次进行回炉补温，甚至每道次间都要重新加热。

因而，如何在减少压下量对镁合金轧制边裂影响的前提下，尽可能地提高道次压下量，成为镁合金板带轧制工艺中亟待破解的一个难题。为此，作者进行了下面的实验。该实验共分六种情况进行了压下量对边裂的影响测试，在这个测试过程中设定轧制温度为 400℃，轧制速度为 0.5 m/s，分别进行了压下量为 20%、30%、40%、60% 的多道次轧制测试。同时进行了极限压下量的测试，是测试温度为 450℃、轧制速度为 0.5 m/s，压下量分别为 60%、70% 一道次的轧制测试。以上各条件下轧制后的试样边裂情况记录如表 7-2 所示。

表 7-2　压下量对镁合金 AZ31 轧制边裂的影响测试实验结果

试件编号	轧制道次	轧制后厚度 /mm	实际压下量（%）	开轧温度/℃	最大边裂深度 /mm
T400/Y20	1	5.17	23.97	390	0
	2	4	22.63	348	0
	3	3.04	24	314	4
T400/Y30	1	4.66	31.77	414	0
	2	3.82	28.19	389	2
	3	2.75	27.96	364	6
T400/Y40	1	4.26	37.89	390	4
	2	2.54	40.37	367	6
T400/Y60	1	2.82	58.53	396	10
T450/Y60	1	2.87	57.91	440	7
T450/Y60	1	2.07	69.73	452	9

从实验的结果可以看出，在同一轧制条件下，随着首道次压下量的增大，无论是边部裂纹的数量，还是边裂的深度都明显增加，如图 7-4 所示，其中图 7-4a 和 b 所示试样的轧制温度和轧制速度均为 450℃和 0. 5 m/s，但压下量分别为 60% 和 70%，图 b 和图 d 分别为图 a 和图 c 中最深裂纹放大后的效果。图 7-5 为在 300℃和 0. 5 m/s 的轧制条件下，同一块坯料上同一位置处的裂纹依次经过总的压下量为 70%（5 个道次）、75. 2%（6 个道次） 和 88. 3%（8 个道次） 轧制后的裂纹变化情况，从中可以发现裂纹一旦产生，随着总压下量的增大，裂纹张角明显增大，而裂纹纵向延伸较小。同时在实验过程中发现，在 400℃的开轧温度下，首道次的压下量为 30%，未产生边裂，在接下的第二、第三道次压下量依次减小为 20% 和 10% 时，轧制后的试样边部几乎没有出现边裂。而在相同的开轧温度、轧制速度和压下量总和相等的条件下，三个道次压下量均为 20% 时，出现了明显的边裂。

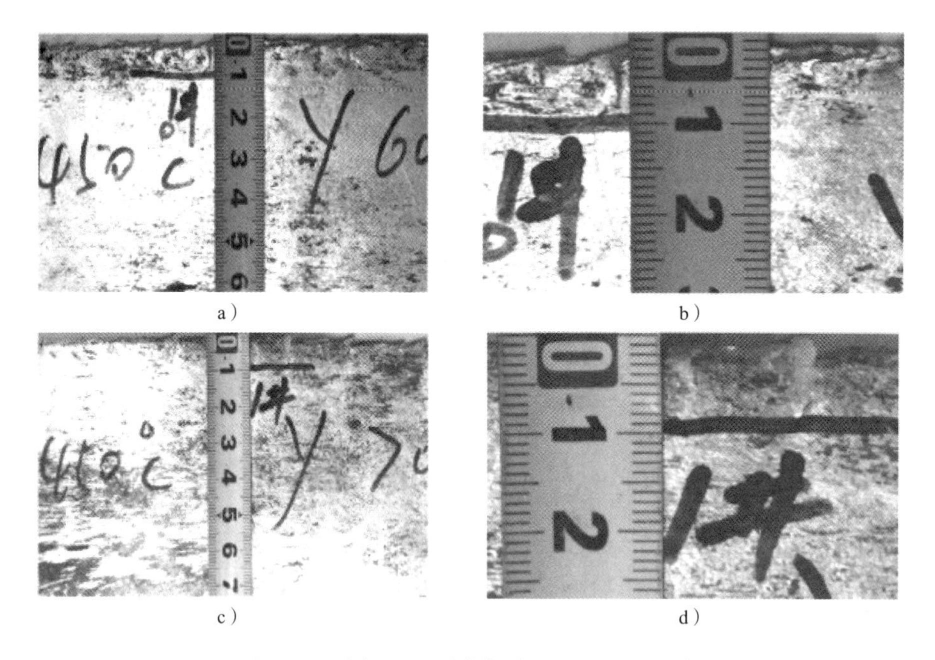

a）　b）　c）　d）

图 7-4　不同压下量轧制镁合金板材边裂形貌

根据轧制原理和金属流动规则，压下量是形成金属横向流动的重要原因之一，通过实验观察和试样轧制后的宽展测量结果发现，压下量越大金属横向流动造成的宽展就越大。而轧制过程中宽展形成时在轧制变形区内的板带边缘部

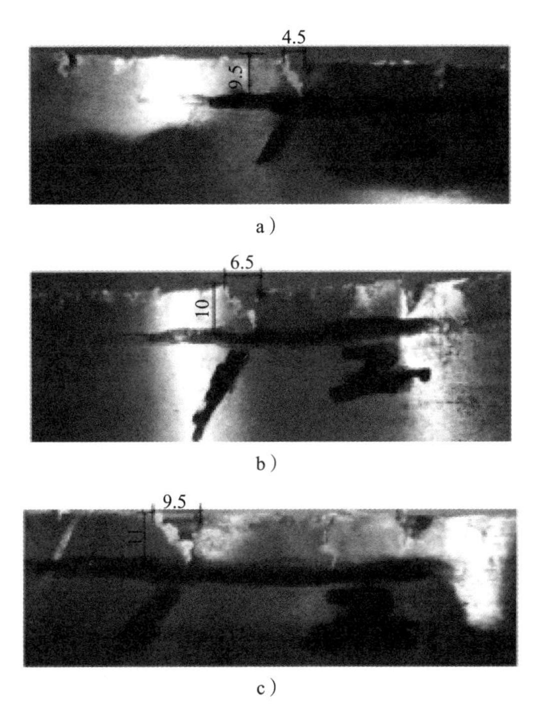

图 7-5　经多道次轧制后同一部位裂纹扩展

分与未进入辊缝的相邻区域发生了相对的错动，因此，压下量越大使得板带边缘受到横向的切应力就越大，因而对边裂的影响也就越大。同时，压下量过小，轧件不能轧透，只能使表层发生延伸变形，而心部金属不能发生流动，使得表层金属受到附加拉应力，同样会在轧件的表层形成裂纹，因此在控制宽展的条件下，应尽可能地提高首道次的压下量。

7.2.3　轧制速度和原有裂纹对边裂的影响

轧制速度对边裂的影响测试实验，共进行了两组。在这个测试过程中设定轧制温度为350℃，压下量为30%，轧制速度分别为0.1 m/s 和0.8 m/s，在温度、压下量对边裂的影响测试中，设定的轧制速度为0.5 m/s。从实验结果看，轧制速度对镁合金轧制边裂产生的影响并不明显。由于实验轧机的最大速度为0.8 m/s，因此，在进行比较性实验时，速度差较低，在上述两种实验条件下，从轧制后裂纹情况对比看速度对边裂的影响较小。对在铸轧过程中已产生边裂的试样进行轧制后发现，经过多个道次的轧制后，原有的边部裂纹的变化呈现以下特点：裂纹纵深延伸很小，始终没有超过原始裂纹深度的标定线，但裂纹的张角发生了明显的扩张，如图7-6所示，图7-6a和b分别为轧制前和轧制后的边部形貌。因此，对于铸轧镁合金，在后续轧制时不进行切边反倒比切边后的成材率要高。主要原因在于原有的裂边对轧制过程中的温降具有减缓作用，同时对因温降、宽展等引起边部产生裂纹的拉应力具有释放作用，但随着板坯的纵向延伸出现裂纹张角增大的现象，当裂纹张角的增大不足以平衡边部所受到的轧向拉应力时，原有的裂纹将会进一步向纵深延伸。

a）　　　　b）

图7-6　AZ31镁合金板带原有裂纹轧制前后形貌对比

7.2.4　宽径比及辊形对轧制边裂的影响

宽径比即轧件宽度与轧辊直径之比。通过镁合金轧制实验和轧制变形区域金属流动规律分析可知，轧制过程中宽径比对金属横向流动有着重要的影响，继而影响了边裂的产生。金属在平辊间进行轧制时，在变形区内，轧件厚度方向上受到压缩，必然沿着轧向延伸和横向宽展。根据最小阻力定律，在压下量和轧件厚度相同，而轧辊直径不同时，在轧制变形区中，沿轧制方向，轧辊与轧件的接触弧长不同。

随着辊径的增大接触弧变长，即辊径越大，在纵向上产生的摩擦阻力就越大。因此，在压下量和轧件厚度相同时，大辊径较小辊径在纵向上的延伸要小，而横向宽展则是大辊径较小辊径要大，如图7-7所示。从图中可以看出，向宽度方向流动的三角形面积 $A_1B_1C_1$ 较 $A_2B_2C_2$ 大，面积大则在该方向上发生金属流动的质点就越多，所以宽展量也就增大。

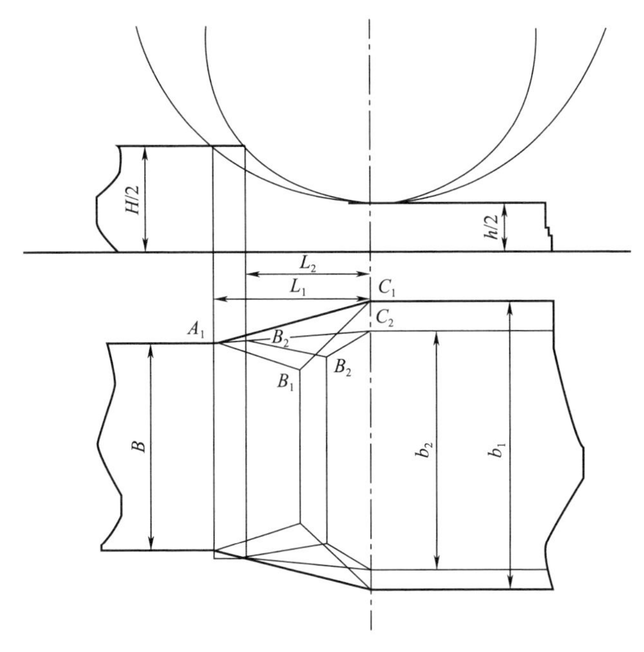

图 7-7　辊径对宽展的影响

同样按照最小阻力定律，在其他参数相同的条件下，宽展量随轧件宽度变化而变化。如图 7-8 所示，虽然由角平分线所围成的三角形面积相等，即两种板宽情况下，在板宽方向上发生横向流动的质点也相同，但与整个变形区上质点相比，显然在图 7-8a 情况下的比值较图 7-8b 情况下要大，另外由于变形时质点间相互制约，因此，图 7-8b 情况下质点向宽度方向的移动比图 7-8a 情况下受到的制约要强，造成宽展量图 7-8b 情况要比图 7-8a 情况小。影响金属横向流动的主要因素为轧件宽度与接触弧长之比，即 B/L 值，即有：

$$\frac{B}{L}=\frac{B}{\sqrt{R\Delta h-\frac{\Delta h^2}{4}}} \tag{7-1}$$

式中，R 是轧辊半径（mm）。

在压下量 Δh 一定的条件下，即影响金属横向流动的因素明确为宽径比，凡是使 B/L 值减小的因素，都使宽展增加。因此，轧辊直径的增大，压下量增加，坯料宽度减小等，都会促使宽展增加，原因在于这些因素都会使轧制变形区中宽展区域的面积增大，也就使得宽展量也就越大。而变形区的相邻区域为保持其原有的状态，对宽展具有限制作用。这种限制作用只能以纵向延伸的方式进行缓解，从而使变形区的边缘部分及其相邻边缘处受到拉应力的作用，而变形区的边缘同时受到轧辊的纵向压应力和宽展的横向压应力作用。宽展量越大时，变形区的边缘部分及其相邻边缘受到的轧向拉应力和横向压应力就大，故对边裂的促进作用就越大。

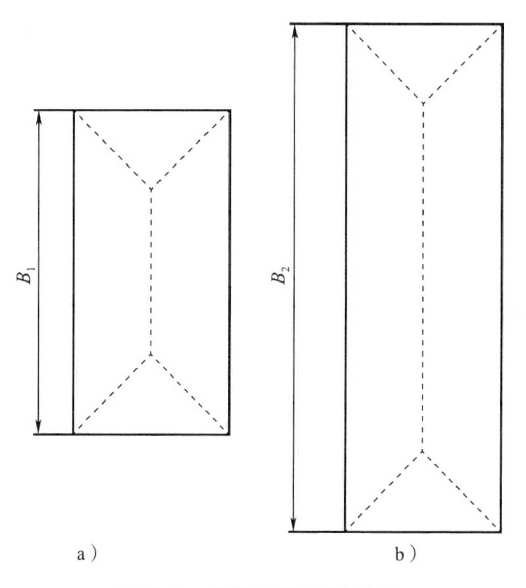

图 7-8　板宽对宽展的影响

辊形同样对边裂有着重要的影响，因为不同的辊形对轧制变形区域的金属流动有着不同的影响。采用平辊进行轧制时，轧件进入辊缝后，轧制变形区内宽度方向上的质点可能会发生横向流动，但由于轧件与轧辊接触面摩擦阻力的作用，中心部分产生宽展的量远小于边部，因而中心部分高度方向上的压缩量绝大部分转化为纵向的延伸，故板端头如图 7-9a 所示，呈圆形。而轧件作为一个整体，所以边部将会受中部附加拉应力的作用，大大增加了边部裂纹产生的可能性。此外，当辊形采用凸辊或坯料为凸形横断面时，也会出现如图 7-9b 所示的裂纹。特别是轧制薄板时，若辊形为凹形，或坯料为凹形断面，情况将与上述相反，较为严重的情况是会在板材中部出现周期裂纹。

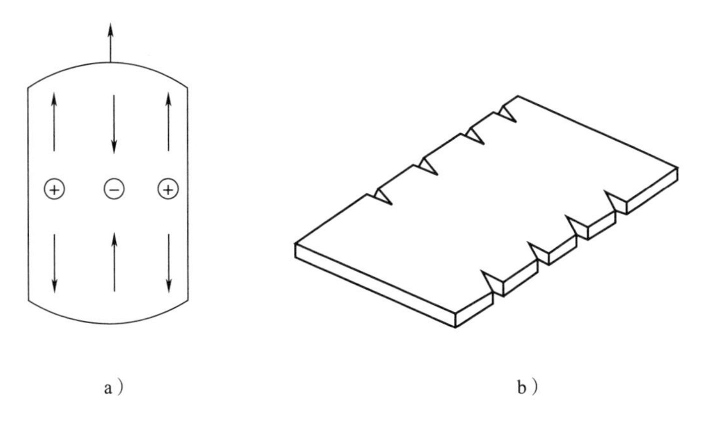

图 7-9　辊形对 AZ31 镁合金板带边裂的影响

因此，镁合金板带轧制时，为了减少或避免边裂的产生，首先就是要选择适宜的辊形，以适度的凹形为宜，以便减少金属的横向流动，使边部在轧制过程中受到的附加应力转变为纵向压应力状态。

7.3　AZ31B 镁合金板材轧制边裂损伤应力分析

从 Cockcraft and Latham 损伤模型 $\int_0^{\varepsilon_f}\left(\frac{\sigma_p}{\overline{\sigma}}\right)\mathrm{d}\overline{\varepsilon} = C$ 中可知，计算轧制镁合金板的边裂损伤值需要知道三个物理量，即：断裂时发生的应变 ε_f、Gleeble 热压缩模拟实验测得的峰值应力 σ_p、实时等效应变 $\overline{\varepsilon}$；但若要在实际轧制过程中控制边裂或是尽可能地减少边裂，则需构建一个数学模型去研究在合适的温度、压下量以及轧制速度条件下的边部应力状态，以此提高轧制镁合金板的板形质量。

7.3.1　热轧镁合金板裂纹区域应力分析

实验所用的 AZ31B 铸轧镁合金板的轧制裂纹区域具有以下三个规律：

（1）轧制裂纹扩展方向与板宽水平方向呈一定的角度 θ（图 7-10），θ 在 33.13°上下波动。

（2）轧制裂纹向镁合金板纵深方向扩展了一定范围的宽度 a，宽度在 9.59 mm 上下波动。

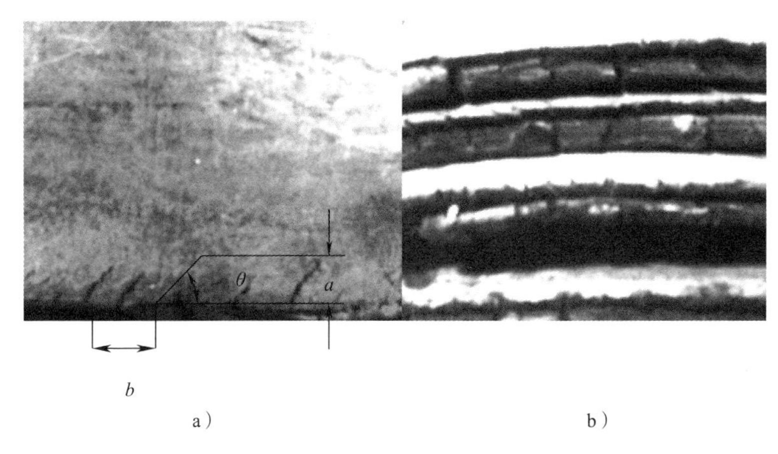

a）　　　　b）

图 7-10　热轧镁卷裂纹缺陷

（3）由于后滑区棘轮效应，轧制裂纹在轧制方向出现的频率及沿轧制方向裂纹间隔的长度 b 在一定范围内波动，b 长度在 10.23 mm 上下波动。

上述三个规律如图 7-11 所示。

由上述规律可知，AZ31B 镁合金板在热轧过程中产生的裂纹缺陷除了与轧制时镁合金板温度场有关，还与轧制裂纹所处的应力场有关，而轧制裂纹所处的应力场又是由镁合金板所处的位置决定的，裂纹所处的位置包括上述的三个因素：①裂纹扩展时的取向转角 θ；②裂纹扩展宽度 a；③裂纹间隔的长度 b。由上述三个因素即可决定轧制裂纹所处的位置，而热轧镁合金板的裂纹扩展应力是由热变形流动应力和压应力及摩擦时的切应力的叠加。

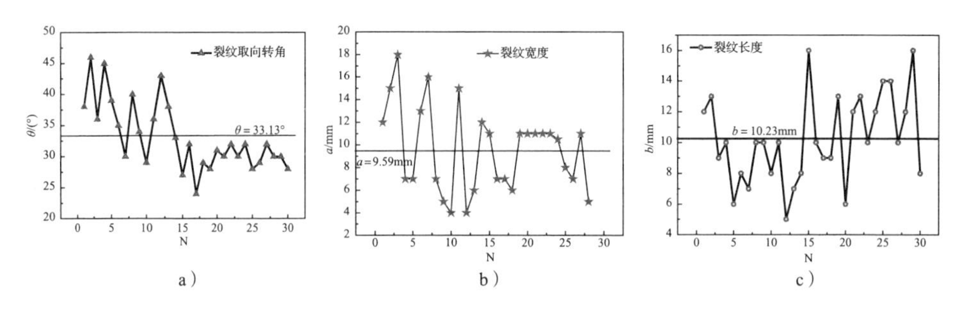

a）　　　　b）　　　　c）

图 7-11　θ、a、b 波动情况

a）裂纹取向转角　b）裂纹宽度　c）裂纹长度

在裂纹区域取一个立方单元体，分析其三向应力，在 z 方向受到上下轧辊的压应力，在 y 方向上受到内部金属流动而引起的拉应力，xy 面上受到上下轧辊转

动对镁合金板摩擦而造成的切应力，裂纹单元体的三向应力状态如图 7-12 所示。

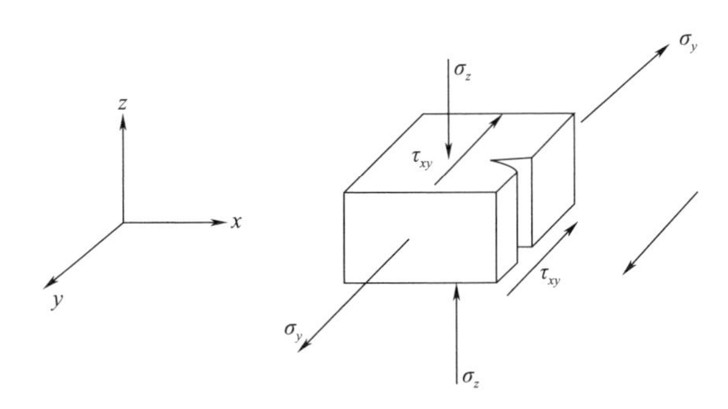

图 7-12　裂纹单元体的三向应力状态

根据采里科夫公式可知，轧制镁合金板时所需的轧制压力为：

$$P = 1.15\sigma_{\varphi} n' \tag{7-2}$$

式中，P 是轧制压力（kN）；σ_{φ} 是镁合金变形抗力（MPa）；n'是外界因素对应力状态的影响系数，可查表确定。

在 z 方向受到上下轧辊的压应力 $\sigma_z = P$。

在 y 方向上受到内部金属流动而引起的拉应力可由热模拟压缩试验获得的热变形本构方程得出，即：

$$\sigma = 90.909\ln\left\{\left(\frac{Z}{2.23\times 10^{15}}\right)^{\frac{1}{16.63}} + \left[\left(\frac{Z}{2.23\times 10^{15}}\right)^{\frac{2}{16.63}} + 1\right]^{\frac{1}{2}}\right\} \tag{7-3}$$

式中，$Z = A\,[\sinh\,(\alpha\sigma)]^n = \varepsilon\exp\,(Q/RT)$。式中，轧制时的变形激活能 Q 受到各影响轧制温度的因素影响。

根据轧制过程体积不变原理，镁合金板的质量为：

$$m = HBL\rho \tag{7-4}$$

而单个 Mg 原子的质量为：$m' = 3.986\times 10^{-26}$kg

整个镁合金板所具有的镁原子个数为：

$$n = \frac{HBL\rho}{m'}N_A \tag{7-5}$$

其中，$N_A = 6.02\times 10^{23}$/mol。

所以变形激活能为：

$$Q = [Q_0 + Q_P + Q_f - (Q_g + Q_r + Q_R + Q_c)]/n \tag{7-6}$$

式中，Q_0 是初轧时镁合金板的热能（J）；Q_p 是轧制镁合金板的塑性变形产生的热量（J）；Q_f 是轧制区摩擦产生的热量（J）；Q_g 是空气对流换热损失的热量（J）；Q_R 是镁合金板与轧辊接触损失的热量（J）；Q_c 是镁合金板产生裂纹所耗散的能量（J）。

简化为：

$$\sigma_y = 90.91\ln\left\{\left(\frac{\varepsilon\exp\left(\frac{Q}{nRT}\right)}{2.23\times10^{15}}\right)^{\frac{1}{16.63}} + \left[\left(\frac{\varepsilon\exp\left(\frac{Q}{nRT}\right)}{2.23\times10^{15}}\right)^{\frac{2}{16.63}} + 1\right]^{\frac{1}{2}}\right\} \tag{7-7}$$

在 xy 面上受到上下轧辊转动对镁合金板摩擦而造成的切应力：

$$\tau_{xy} = \frac{f}{S_c} \tag{7-8}$$

式中，镁合金板与轧辊的接触面积为：

$$S_C = \beta l(B + \Delta B) = \beta\frac{D}{2}(B + \Delta B)\arccos\left(1 - \frac{\Delta h}{D}\right)$$

摩擦力 $f=\mu mg$（kN），其中 m 为镁合金板质量（kg）。

根据 Von Mises 准则可知，在一定变形条件下，当镁合金板上的某一点的等效应力达到某一临界值时，该点就进入塑性状态，而镁合金塑性变形直至达到将要产生裂纹的临界 $Z = A[\sinh(\alpha\sigma)]^n = \varepsilon\exp(Q/RT)$ 值，其等效应力仍满足 Von Mises 准则，即：

$$\sigma_c = \frac{1}{\sqrt{2}}\sqrt{(\sigma_y - \sigma_z)^2 + 6\tau_{xy}^2} \tag{7-9}$$

裂纹沿镁合金板纵深方向扩展的宽度 a、裂纹扩展取向转角 θ、裂纹间隔的长度 b 可拟合成关于裂纹扩展的等效应力 σ_c 的函数，即：

$$\begin{cases} a = f_1(\sigma_c) \\ \theta = f_2(\sigma_c) \\ b = f_2(\sigma_c) \end{cases} \tag{7-10}$$

由上述拟合函数即可根据裂纹扩展的等效应力 σ_c 计算出裂纹沿镁合金板纵深方向扩展的宽度 a、裂纹扩展转角 θ、裂纹间隔的长度 b。

7.3.2　镁合金板边裂立方单元的点阵裂变

在镁合金板边部取一个立方单元，假定在未产生裂纹时每个立方单元是一个具有 12 个单元节点的点阵（图 7-13），镁金属内的 $\beta-Mg_{17}(AlZn)_{12}$ 和 Mg_2Si 脆性相所寄居的“空洞”和“沟壑”用单元体内的虚线圆表示，当点阵单元上某个节点的应力满足式（7-8）即可发生失稳，此时“空洞”和“沟壑”开始往失稳部位附近聚集，失稳的单元节点开始裂变成两个单元节点（或多个），裂纹随之产生并开始扩展成 θ_1，裂纹的扩展方向与取向转角 θ 有关，其取向转角总是沿着能量释放率最大值的方向。同样地，裂纹尖端的节点随着等效应力的变化再次寻找满足式（7-8）关系的节点，将其再次裂变成两个或多个节点，取向转角为 θ_2，以此类推，直至单元体上的节点应力 σ_c 小于式（7-8）时便不再产生裂纹，裂纹停止。

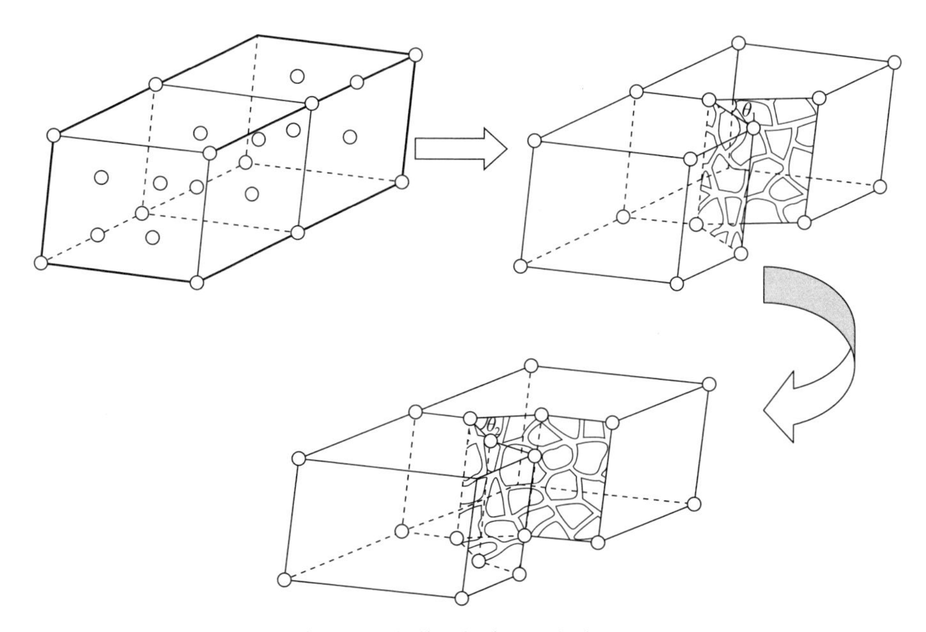

图 7-13　边裂立方单元的点阵裂变